Angelika Eder

Der Akquise-Coach

Profi-Tipps: Wie Sie am Telefon Wunschkunden angeln – mit Spaß an beiden Enden der Leitung

managerSeminare Verlags GmbH, Edition Training aktuell

Angelika Eder

Der Akquise-Coach

Profi-Tipps: Wie Sie am Telefon Wunschkunden angeln
– mit Spaß an beiden Enden der Leitung

Endenicher Str. 41, D-53115 Bonn
Tel: 0228-977910, Fax: 0228-9779199
info@managerseminare.de
www.managerseminare.de/shop

Printed in Germany

ISBN: 978-3-95891-023-2

Herausgeber der Edition Training aktuell:
Ralf Muskatewitz, Jürgen Graf, Nicole Bußmann

Lektorat: Vera Sleeking
Cover/Illustrationen: Stefanie Diers
powered by Flipchart-Coach
Druck: Kösel GmbH und Co. KG, Krugzell

Ach, noch ein Buch über Akquise? Aber ja! ... 6

I. Arrangement ... **9**

01 Ein bisschen Verkaufstheorie ... **12**
Die Black Box ... 13
Verkaufen beginnt vor dem Verkaufen ... 16
Statt wörtlichem Leitfaden – Die Dialogvenus ... 17
Coaching und Akquise ... 19
Bitte legitimieren Sie sich! ... 22
Kategorischer Imperativ der Telefonakquise ... 25
Die ungehörten Fragen Ihrer Kunden ... 27

02 Wer? – Ihre Anbieterpersönlichkeit ... **29**
Person ist nicht Anbieterpersönlichkeit ... 30
Rücken Sie sich ins rechte Licht ... 33

03 Was? – Ihre Leistung ... **37**
Bringen Sie System in Ihr Portfolio ... 38
So wird Ihre Leistung telefontauglich ... 42

04 Warum? – Bauen Sie eine Brücke ... **51**
Mit der Lupe auf den Wunschkunden ... 52
Die Position am anderen Ende ... 57
Die guten ins Töpfchen 61
Nehmen Sie sich ein Beispiel an Alfredo ... 66

05 Ziele für den Erstkontakt und weitere Meilensteine ... **69**
Etappenziele ... 70
Ihr Kundendossier trägt Früchte ... 74

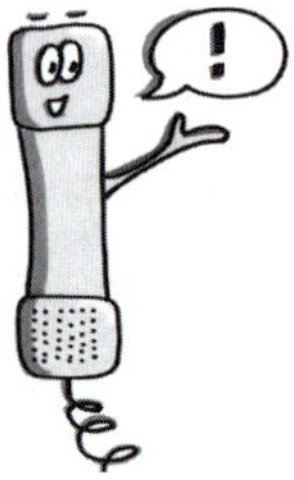

II. Auftakt 77

06 Der erste Griff zum Hörer **80**

Mein bewährtes Mindset fürs Telefon 81

Der Gesprächsablauf Schritt für Schritt 83

07 Gesprächseinstieg **84**

Begrüßung als gekonntes Entree 85

Erreichbarkeit und Durchstellen 88

Ihre Legitimation: „Sesam öffne Dich!“ 91

Klappt nicht auf Anhieb? 97

08 Der freie Dialog **99**

Fragen steuern das Gespräch 100

Passt das Produkt zum Anbieterprofil? 104

Verständlich und einprägsam 106

Umgang mit Ablehnung 108

Ihr Ideenfeuerwerk zündet 114

Das nötige Fingerspitzengefühl 116

09 Gesprächsabschluss **120**

Einbiegen auf die Zielgerade 121

Die Zielfestlegung 125

Feedback geben und nehmen 127

10 Praktische Hilfen für die Gesprächsvorbereitung **129**

Formulierungsvorschläge 130

Checkliste für Ihren Anruf 132

III. Auftrag! ... Zur Kundenpflege 135

11 **Die Post nach dem Telefonat** **138**

E-Mail oder Post? 139

Was muss rein in die Botschaft? 141

Noch ein paar Tipps mit auf den Weg 144

12 **Was ist bei einem Angebot zu berücksichtigen?** **145**

Die „Heiligen Drei Könige“ bei Ihrem Auftrag 146

Drei Fallen 148

Das unwiderstehliche Angebot 150

Eigene Überlegungen hinter dem Angebot 154

13 **Ausblick** **156**

Erster Aufschlag geglückt – und jetzt? 157

Die Kundenreise 159

Am Ende unserer Reise 165

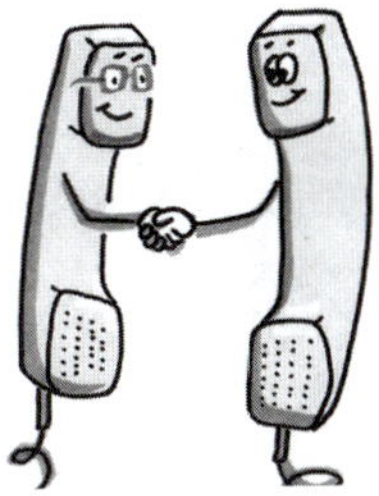

Literatur- und Linktipps 168

Danke! 172

Stichwortverzeichnis 173

Ach, noch ein Buch über Akquise? Aber ja!

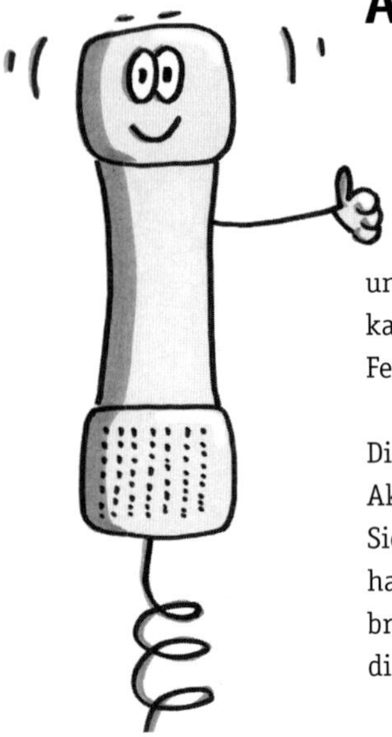

Kundengewinnung im Allgemeinen und Akquise im Besonderen empfinden die meisten Freiberufler* und Unternehmer als eine der schwierigsten Aufgaben ihrer Geschäftstätigkeit. Berater, Trainer und Coachs sind oft zögerlich in puncto Akquise, weil sie ihre Aufgabe beratend und nicht verkaufend verstehen. Dabei haben gerade sie als „Kommunikationskünstler" und „Arbeiter mit und am Menschen" alle erforderlichen Fertigkeiten schon im Gepäck.

Dieses Buch unterstützt Sie dabei, das schon vorhandene Wissen für die Akquise nutzbar zu machen und ich verspreche Ihnen: Vieles fügt sich für Sie mit einem erleichternden „Ah so!". Und Sie werden am Ende sagen: „So habe ich Akquise noch nie gesehen!" Mit der richtigen Herangehensweise bringt Akquise nicht nur Erfolge, sondern kann sogar Spaß machen – und diese Erfahrung wünsche ich Ihnen von Herzen.

Raus aus der Komfortzone – aber wie? Vom passiven zum aktiven Vertrieb

In meiner Praxis habe ich es häufig mit freiberuflichen Trainern, Beratern und Coachs zu tun, die seit 5 bis 20 Jahren in ihrem Beruf erfolgreich sind. Bis, ja eben … das geliebte Empfehlungsgeschäft plötzlich abreißt. Das ist im Übrigen überhaupt nicht ungewöhnlich, oft hat es mit einem Generationenwechsel zu tun: Langjährige, vertraute Kunden gehen peu à peu in den (Vor-)Ruhestand und junge Kontakte wachsen nicht in ausreichender Menge nach. So dünnen die Empfehlungen mit den Empfehlungsgebern aus und versiegen schließlich ganz. Dann ist Holland in Not und die aktive Vermarktung ist gefragt – aber wie? Davon handelt dieses Buch.

Es heißt jetzt: aktiv werden! Dazu sind auch die meisten bereit, sogar wild entschlossen. Jedoch: Der Selbstvermarktungsmuskel ist völlig untrainiert und es fehlt Wissen und die Erfahrung. Darauf folgt für so manche eine

* Das maskuline Nomen oder Pronomen wird verwendet, um den Lesefluss nicht zu stören. Gemeint sind aber selbstverständlich alle Geschlechter.

frustrierende Phase des Trial & Error, die schließlich den Berater, die Trainerin oder den Coach zu mir führt. Wir nehmen gemeinsam offene Fäden auf, sortieren sie neu, führen Begonnenes sinnvoll weiter und erörtern, um welche frischen Ideen wir ergänzen.

Diesen Turnaround von passiver zu aktiver Selbstvermarktung haben in den letzten sieben Jahren etwa 500 Kunden erfolgreich durchlaufen. Aus stets wiederkehrenden Elementen hat sich eine Methode und schließlich ein ganzes Lösungssystem herauskristallisiert. Dieses System, so stellte sich im Lauf der Zeit heraus, ist gut auf die Situation der meisten Berater, Trainer und Coachs übertragbar.

Der Aufbau des Akquisetrainings

Erfahren Sie also zunächst, worauf es bei guter Telefonakquise ankommt – genau darum geht es im ersten Kapitel, um das „**Arrangement**". Dort bereiten Sie mit praktischen Tipps Ihre Person als Anbieter vor, reflektieren Ihr Angebot und bereiten es „telefontauglich" auf. Sie bekommen einen Blick, ein Gespür für gut geeignete Kunden, stellen sich auf die möglichen Gesprächspartner am Telefon ein und wissen, welche Informationen diese von Ihnen brauchen – und welche erst mal nicht.

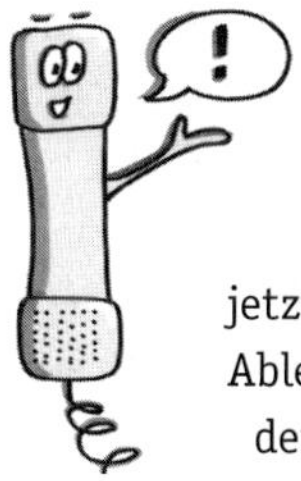

Das zweite Kapitel ist der „**Auftakt**" am Telefon. Hier lernen Sie eine spruchfeste Gesprächseröffnung und trainieren gute Anworten auf die Worum-geht's-Frage, die sowohl Sie als auch Ihr Gegenüber weiterbringen. Sie wissen jetzt auch den freien Teil des Dialogs zu gestalten, können mit Ablehnung entspannt umgehen und sorgen dafür, dass Sie mit der Beschreibung Ihrer Dienstleistung im Gedächtnis bleiben.

Mit dem dritten Kapitel geht der erste Telefonkontakt in einen Ausblick auf den langfristigen „**Auftrag zur Kundenpflege**" über. Das beinhaltet die schriftliche Rückmeldung zeitnah an dem Gespräch, die Auswahl der richtigen Informationen für den neu gewonnenen Kontakt und nicht zuletzt die saubere Formulierung eines schriftlichen Angebots, das keine Wünsche offen lässt. Weil eine stetige und unaufdringliche Kundenpflege mit dem guten Erstkontakt am Telefon erst anfängt, gibt es hier auch Antworten auf die Frage „Was kommt eigentlich nach dem ersten Telefonat?".

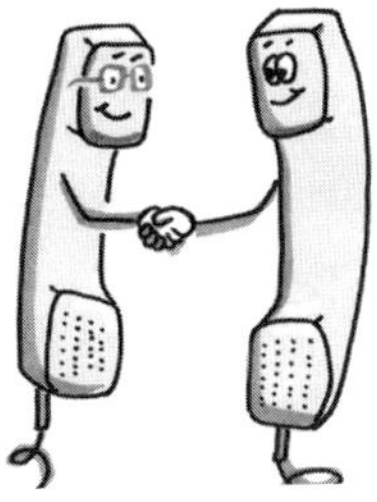

Download-Ressourcen

Dieses Buch ist noch deutlich umfangreicher als das, was Sie in Händen halten. Zu dem Buch gibt es zahlreiche Beispiele und Anregungen zur vertieften Reflexion, mit denen Sie an Ihrer eigenen Akquisevorbereitung feilen können. Das nebenstehende Symbol zeigt Ihnen an, dass für Sie Material zum Herunterladen zur Verfügung steht. Geben Sie dafür den Link ein, der auf der inneren Umschlagklappe angegeben ist.

Und nicht zuletzt möchte Ich Ihnen verraten, dass auch ich mir von diesem Buch etwas verspreche:

Akquise aus der Schmuddelecke holen

Leider haben seit den 1980er-Jahren einige skrupellose Macher die Kundenansprache zugunsten des schnellen, auf Masse ausgelegten Profits verraten. So wurden Legionen unterbezahlter und schlecht qualifizierter Call Center Agents – mit noch schlechteren Leitfäden bewaffnet – dazu gezwungen, Generationen unbedarfter Kunden so lange zu drangsalieren, bis die beim nächstbesten „Guten Tag, Frau Kundin, mein Name ist ... Schön, dass ich Sie erreiche ...“ nur noch laut schreiend flüchteten. Das ging so lange, bis der Gesetzgeber das unselige Treiben zum Teil untersagte und bis heute ist es leider kaum besser geworden.

Von diesem Negativbeispiel wird überdeckt, dass Akquise eine Geschäftsanbahnung auf Augenhöhe zwischen einem Anbieter und einem potenziellen Käufer ist. Der direkte Austausch eröffnet dabei ungleich mehr Möglichkeiten als etwa die unpersönliche Ansprache über breit gestreute Anzeigen. Damit Sie die brachliegenden Vorteile dieses direkten Marketingkanals aktiv nutzen können, brauchen Sie nicht viel außer der richtigen Vorbereitung. Dieses Buch ist eine positive Vorlage aus der Praxis, die ich am Telefon täglich (er-)lebe und die mich zur festen Überzeugung gebracht hat: Akquise und Vertrieb funktioniert erfolgreich – mit bedingungsloser Ehrlichkeit. Damit funktioniert es sogar am besten, und zwar so:

„Hier bin ich, lieber Kunde. Ja, ich möchte mit Dir ins Geschäft kommen. Darauf habe ich mich gut vorbereitet und präsentiere Dir meine Leistung geradeaus, knapp, präzise und ehrlich. Nimm es oder lass es bleiben – diese Entscheidung ist und bleibt bei Dir. Mir ist beides recht, das eine natürlich aber mehr.“ Mit dieser Vorgehensweise bin ich ziemlich erfolgreich und die verblüffende Masche dabei ist: Es ist keine! Genau darin liegt für mich das Geheimnis von wirklich gutem Verkaufen.

Teil I

Arrangement

Zunächst gilt es, Ihre Akquiseanrufe gründlich vorzubereiten und so zu arrangieren, dass Sie stets Herr oder Frau der Lage sind.

Das ist die Basis für eine intelligente und elegante Ansprache neuer Kunden.

Im Kapitel „Arrangement" geht es um:

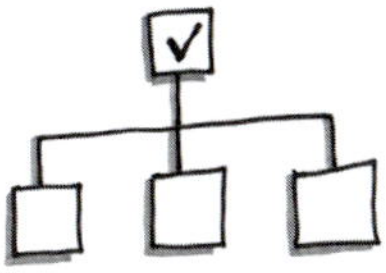

01

Ein bisschen Verkaufstheorie .... S. 12

02

Wer? – Ihre Anbieterpersönlichkeit .... S. 29

03

Was? – Ihre Leistung .... S. 37

04

Warum? – Bauen Sie eine Brücke .... S. 51

G 3: Download

05

Ziele für den Erstkontakt und
weitere Meilensteine .... S. 69

01

Ein bisschen Verkaufstheorie

Was auf der Seite des Unternehmens passiert, ist für Sie zunächst eine **Black Box**, beginnen Sie daher mit dem **Verkaufen vor dem Verkaufen.**

Erfahren Sie, wie Sie sich im Akquisegespräch **statt am wörtlichen Leifaden an der Dialogvenus** orientieren.

Im Gesprächsablauf gleichen sich **Coaching und Akquise**, der Knackpunkt ist ein einziger Unterschied: **Sie müssen sich legitimieren!**

Damit das Gefühl an beiden Enden der Leitung stimmt, berücksichtigen Sie **den Kategorischen Imperativ in der Telefonakquise** sowie **die ungehörten Fragen der Kunden an Sie.**

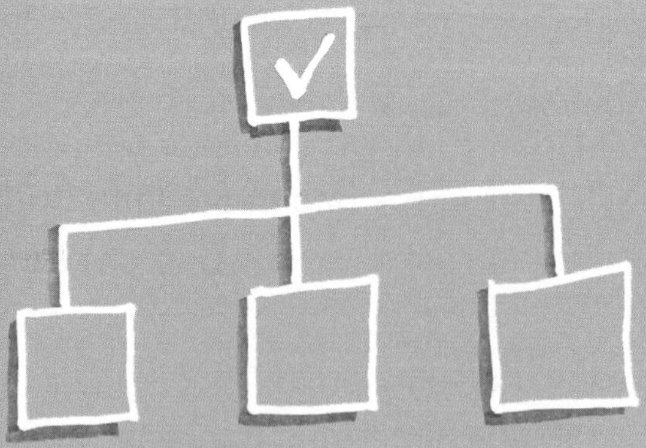

Die Black Box

Warum die schwierigste Phase der Neukundengewinnung zwischen Erstkontakt und erstem persönlichen Kennenlernen liegt.

Das folgende Schaubild verdeutlicht die typischen Phasen im Verkaufsprozess und welche Chancen und Risiken für Sie als Anbieter daraus resultieren. Mit jedem Kunden stehen Sie an irgendeinem Punkt auf diesem Zeitstrahl und haben als Anbieter verschiedene Optionen zu agieren. Machen Sie sich ruhig einmal bewusst, wo Sie z. B. mit Ihren fünf letzten Kunden stehen, mit denen Sie Kontakt hatten.

Wir haben zu Beginn den Erstkontakt, dann eine relativ lange Phase, die der Begriff „Inkubationszeit" ganz gut beschreibt. Die brauchen die meisten Kunden, ehe sie kaufbereit sind. Ungefähr in der Mitte, tut sich plötzlich etwas ganz Wichtiges: Es entsteht ein Bedarf – und dann geht es oft ganz schnell. Es folgt ein Präsentationstermin, Sie geben ein Angebot ab und Sie sind im Rennen. Nachdem die Entscheidung gefallen ist – hoffentlich auf Sie! – kommt der eigentliche Auftrag. Und weil bekanntlich nach dem Spiel vor dem Spiel ist (wie schon der Fußballtrainer Sepp Herberger wusste), schließt sich dann auch in unserem Business das an, was sich am besten als „Nachsorge" beschreiben lässt.

Abb.: Typische Phasen im Verkaufsprozess

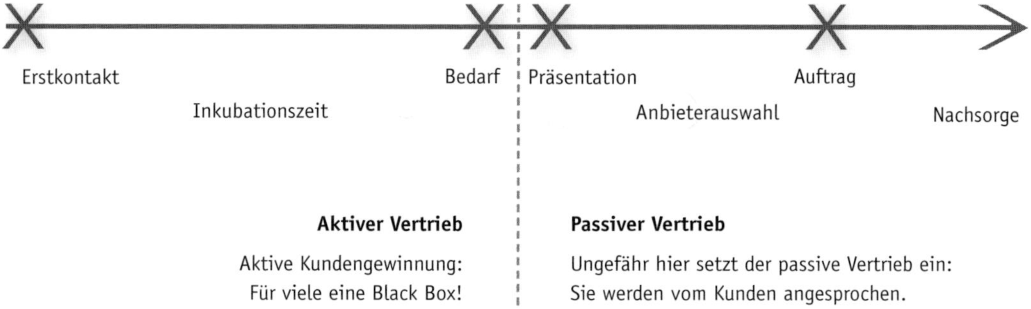

Für das Gesamtverständnis fehlt uns nun nur noch, die zu überwindende Hürde einzuschätzen ... mit einer Prise Küchenpsychologie:

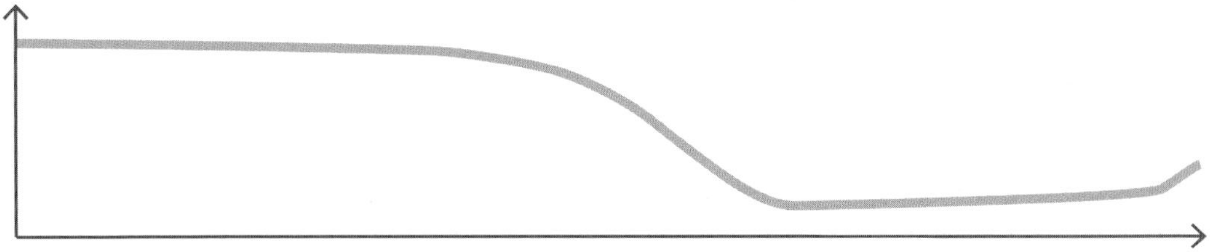

„Gefühlte" Höhe der Vertriebshürde im Laufe der Beziehung

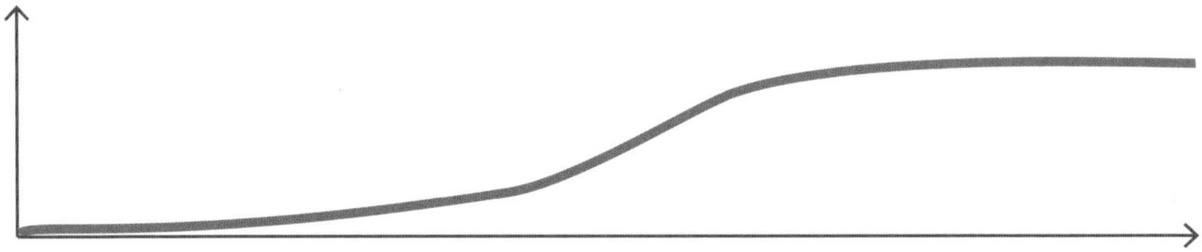

Vertrauenskurve des Kunden im Laufe der Beziehung

Legt man alles übereinander, ergibt sich folgendes Bild:

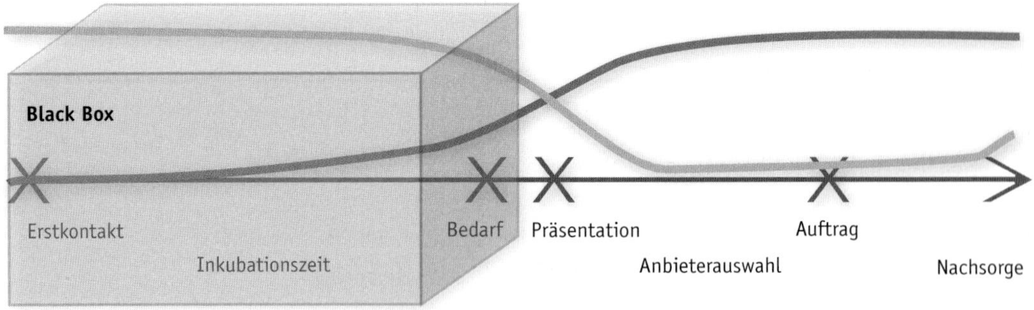

Abb.: „Black Box" bei der Neukundengewinnung

Sie sehen: Die schwierigste Phase in der Neukundengewinnung ist die vom Erstkontakt bis zum ersten persönlichen Kennenlernen. Das empfinden Anbieter oft als eine Art Black Box: Was passiert gerade im Unternehmen? Wann entsteht ein Bedarf? Welcher genau? Und worauf legt man Wert bei der Auswahl des Anbieters? ... Viele Fragen, kaum Antworten.

Gleichzeitig ist das Vertrauen des Kunden in Sie zwangsläufig fast bei null, denn er kennt Sie entweder noch gar nicht oder nicht gut genug. Seine Neigung, Informationen oder gar Interna preiszugeben, ist dementsprechend gering. Daraus entsteht die Schwergängigkeit zu Beginn der Kundenbeziehung – und zwar für beide Beteiligten: Wie bloß miteinander in Kontakt kommen?

Hat man sich dagegen erst einmal persönlich beschnuppert und womöglich sogar festgestellt, dass die Chemie zwischen Ihnen und Ihrem Gesprächspartner stimmt, ist die Chance auf eine Zusammenarbeit erheblich gestiegen. Dann braucht es nur noch eins: einen Bedarf! Und eine Prise „Glück des Tüchtigen", um aus der meist großen Menge potenzieller Bildungs- und Beratungsanbieter ausgewählt zu werden.

Die Black Box ausleuchten

Für jemanden, der in der komfortablen Situation ist, von einem Kunden zum nächsten ohne eigenes vertriebliches Zutun weitergereicht zu werden, beginnt der Verkaufsprozess naturgemäß erst am Tisch des Kunden. Wenn das bei Ihnen ähnlich ist, können Sie vermutlich auch stolz sagen, dass Sie in den meisten Fällen mit einem Auftrag wieder rausgehen. Das hängt damit zusammen, dass Sie am Tisch sitzen, eben weil es schon einen konkreten Bedarf gibt, für den das Unternehmen einen passenden Anbieter sucht. Nach dem Ablaufmodell steigen Sie also verhältnismäßig spät und bei schon hoher Auftragswahrscheinlichkeit in den Verkaufsprozess ein.

Bitte verstehen Sie mich nicht falsch: Die Empfehlung ist und bleibt der Königsweg im Vertrieb! Da läuft schließlich jemand für Sie Reklame und nimmt Ihnen damit einen Großteil der Vermarktungsbürde von den Schultern, nämlich die ganze, oben schon erwähnte Black Box.

Viele Ihrer weniger glücklichen Kollegen, die versuchen, einen gelungenen Start in den Kundendialog zu finden, verirren sich in der ersten Phase im Dunkel der Black Box.

Im Verlauf des Buches werden Sie feststellen, dass es in dieser Box gar nicht so undurchdringlich finster ist. Hier erhalten Sie die Mittel in die Hand, sich in der „Box" sicher zurechtzufinden, sodass Sie sich auch auf dieser ersten, schwierigen Wegstrecke problemlos bewegen können.

Verkaufen beginnt vor dem Verkaufen

Aktive Vorarbeit bedeutet: Sie haben die Kontrolle über Wunschkunden und Wunschprojekte.

Der Königsweg des Empfehlungsmarketings hat eine Achillesferse: Man kann sich den empfohlenen Kunden nicht aussuchen und muss mehr oder weniger nehmen, was kommt. Bei der aktiven Ansprache hingegen haben Sie hier einen Vorteil. Sie zünden den Initialfunken, zum Beispiel, indem Sie Ihren vorab handverlesenen Kunden aktiv anrufen.

Zunächst müssen – nein, dürfen! – Sie sich Ihre Kunden aussuchen, die perfekt zu Ihnen passen. Das ist ein eigener Prozessschritt und dabei ein ausgesprochen bedeutsamer, unternehmerischer Akt der Entscheidung und Differenzierung: Wer hat es verdient, dass Sie Ihre Ressourcen in die (Be-) Werbung um ein gemeinsames Projekt stecken? Welches Unternehmen erscheint Ihnen so attraktiv, dass Sie bereit sind, sich auf den womöglich langen und nicht immer einfachen Weg der Kundengewinnung mit ihm zu begeben? Sicher nicht jede x-beliebige Firma um die Ecke, oder?

Damit gehen Sie aktiv einen wichtigen Schritt in Richtung Selbstermächtigung, der Ihnen ein großes Stück Freiheit, Selbstbestimmung und damit Selbstbewusstsein schenkt. Zunächst entscheiden nämlich Sie, wer Ihr Kunde sein darf, erst dann sprechen Sie ihn aktiv an und dann darf auch er entscheiden, ob er einwilligen möchte.

Das gibt Ihnen das gute Gefühl, nicht den passiven Part zu spielen, sondern auf Augenhöhe zu kommunizieren: „Ich habe Sie mir ausgesucht, weil ..." heißt dazu die Zauberformel, die Sie selbstbewusst macht und so selbstbestimmt auftreten lässt, wie Sie es als freier Berater, Trainer oder Coach gewohnt sind und mögen. Und wenn Sie sich Ihr Gegenüber ausgesucht haben, können Sie die Verhältnisse in der Black Box, in der Sie sich zu Beginn befinden, besser einschätzen.

Während der Kopf dieser Argumentation folgt, ist es oft das Bauchgefühl, das sich bei meinen Kunden an dieser Stelle einschaltet: Oh Gott ... Kaltakquise! Nein, das geht eigentlich *gar* nicht und *wenn*, dann aber bitte nur mit einer *sehr* gründlichen Vorbereitung. Oder?

Statt wörtlichem Leitfaden – Die Dialogvenus

Wie Sie mit den Abläufen und Erfodernissen des Gesprächs vertraut werden und wo sich wörtliche Vorlagen erübrigen.

„Spätestens, wenn ich wirklich zum Hörer greife, weiß ich nicht: Wie gehe ich's an? Was sage ich am Telefon? Wie schaffe ich es, den anderen zu interessieren? Was, wenn er den Hörer gleich wieder auf die Gabel knallt? Also brauche ich unbedingt einen maßgeschneiderten Telefonleitfaden, der verlässlich funktioniert." – So lautet ein häufiger Wunsch von Trainern, Beratern oder Coachs, die vor der Akquise stehen.

Wenn man etwas nicht so oft macht, möchte man mehr Sicherheit – und viele denken meist automatisch an eine wörtliche Vorlage. Ein Hilfsmittel finden Sie in Form von Formulierungsunterstützungen in den Download-Ressourcen sowie auf S. 130. Betrachten Sie diese als Beispiele, denn der richtige Orientierungsfaden für die Black Box, den Sie hier erhalten, funktioniert pfiffiger. Und dazu bietet sich ein weiteres Schaubild an, die gute, schöne Dialogvenus:

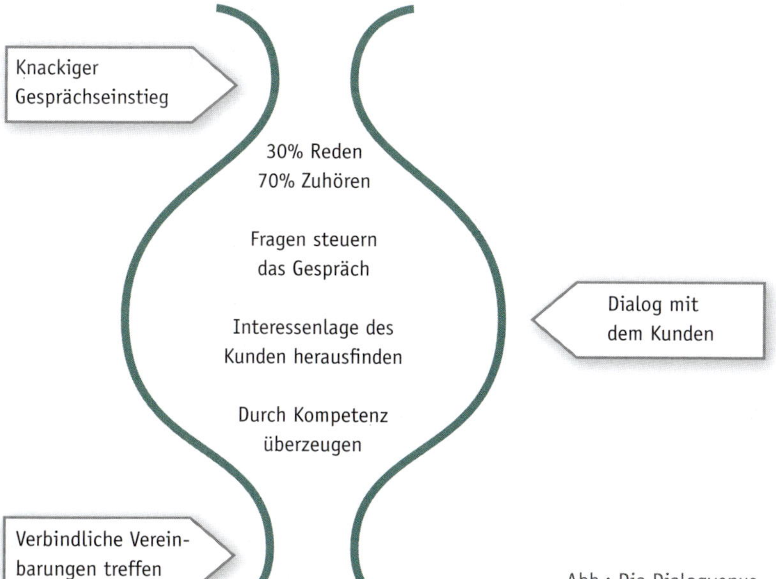

Abb.: Die Dialogvenus

Elegant geschwungene Kurven wie bei der Venus, so lässt sich auch der idealtypische Verlauf eines (Akquise-)Gesprächs darstellen. Daran lässt sich verdeutlichen, was mit wörtlichen Vorlagen geht – und was nicht. Schmal, knapp und kurz sind der Gesprächseinstieg und die Abschlussphase. Beides können Sie vorplanen und sich gut darauf vorbereiten. Dabei ist eine stichwortartige Struktur sicher eine hilfreiche Unterstützung.

Im „Bauch der Venus" kann sich jederzeit die Richtung ändern.

Aber nicht hier, im Bauch der Venus: Da geht es üppig wuchernd zu, quasi „verbal-organisch": Es gibt Fragen und Antworten und Reaktionen, die Sie vorab nicht planen können. Ein gutes Gespräch ist nun einmal nicht linear und vorgefertigt, sondern eher systemisch-chaotisch und kann jederzeit die Richtung ändern. Vor allem dann, wenn sich beide mit Feuereifer einbringen! Da würde Sie eine wörtliche Vorlage vermutlich eher behindern und vom eigentlichen Gesprächsgeschehen ablenken, oder?

Wenn Sie sich nun fragen „Wie kann ich mich denn sonst gut vorbereiten?", dann kann ich jetzt die Katze aus dem Sack lassen: Sagen Sie, kommt Ihnen das nicht bekannt vor? In einem zielgerichteten Gespräch sein, viel zuhören, nur dort steuernd eingreifen, wo Sie es für erforderlich halten? Trotzdem zügig und zuverlässig zu einem Endpunkt kommen? … – Akquise ähnelt einem Coachinggespräch!

Coaching und Akquise

Was Coaching und Akquise gemeinsam haben und was Trainer und Coachs an der Akquise hindert.

Aus der Beschreibung eines Coachs: „Der größte Teil in einem Coaching ist kaum planbar. Ich weiß ja nicht, in welcher Stimmung und Tagesform mein Coachee ist. Wenn er kommt, kann davor sonst was vorgefallen sein und es ist überhaupt nicht gesagt, dass wir da weiterarbeiten, worauf wir uns beim letzten Mal geeinigt haben. Deshalb gebe ich ihm hier möglichst viel eigenen Gestaltungsspielraum. Ich frage ihn zu Beginn nur nach seinem Wunsch, was er heute bearbeiten und erreichen will. Dann lasse ich ihn kommen und greife nur lenkend ein, wenn das Coaching aus meiner Sicht droht, aus dem Ruder zu laufen oder sich thematisch zu weit von dem wegbewegt, was wir eingangs verabredet haben. Am Ende geht der Coachee immer klarer, um neue Lösungsideen bereichert und zufrieden raus." Nun, genau so ist das bei einem Akquisetelefonat. Was eigentlich heißen müsste:

Berater, Trainer & Coachs können perfekt verkaufen

Die gute Nachricht vorweg: Wenn auch Sie zur Riege der Bildungs- und Beratungsanbieter gehören, sind Sie im Grunde wirklich schon ein perfekt geschulter Verkäufer, denn Sie bringen in Ihrem Methodenrepertoire schon alles Erforderliche mit für ein aufmerksames, ausgewogenes, respektvolles und dennoch fest auf Ihr Ziel gerichtetes Gespräch – nichts anderes ist auch ein gutes Verkaufsgespräch. Dargestellt in der Tabelle auf S. 22.

Think!

Sie glauben es nicht? In Ordnung, dann machen wir die Probe:

- Sie können und mögen es, Menschen für etwas zu gewinnen. Stimmt's?
- Sie stellen oft Fragen, die anderen Leuten helfen, ihre eigene Lösung zu finden. Korrekt?
- In einem guten Setting nimmt sich der Coach zugunsten des Coachees zurück, richtig?

Nun, wie viele der drei Aussagen konnten Sie abnicken? Mindestens zwei, vermutlich. Sehen Sie: Sie und Ihre Kollegen aus Beratung, Training und Coaching sind als ausgewiesene „Kommunikationskünstler" doch die besseren Verkäufer. ... Oder? Sie merken es schon: Die Frage ist rhetorisch und Sie verneinen sie vermutlich aus tiefstem Herzen.

Die Hürden bei der Kundenansprache

Wie kann es sein, dass für Trainer, Berater und Coachs das Thema Kundenansprache ein solches No-Go darstellt – trotz des dicken Handwerkskoffers, prall gefüllt mit erlesenen Kommunikationsinstrumenten? Was ist es denn, dass viele sich geradezu panisch abwenden, wenn es darum geht, aktiv auf Kunden zuzugehen und sie für sich zu gewinnen? Wer ihnen diese Frage stellt, stößt durchgängig auf drei Erklärungsansätze:

Was Anbieter hemmt.

- Sie glauben, dass Verkaufen ein anrüchiges Geschäft ist.
- Sie gestehen sich nicht das Recht auf ein gutes Geschäft zu.
- Sie geben sich selbst keine Legitimation zur Kontaktaufnahme.

Das sind nun leider wenig aussichtsreiche Voraussetzungen, mit denen Sie als Unternehmer in Ihre Eigenvermarktung starten. Gehen wir also im Folgenden auf die Hürden ein, die vielleicht auch Sie von der Kaltakquise abhalten.

Der Glaubenssatz: Verkaufen ist „pfui bäh"!

Wenn ich auf Festen im erweiterten Familienkreis, auf privaten Partys oder im Small Talk bei Businessnetzwerken sage, dass meine Profession der Vertrieb oder die Akquise ist, zuckt die eine oder andere Augenbraue schon mal instinktiv nach oben und es hängt eine unausgesprochene Frage im Raum: Weiß eigentlich Deine Mutter, womit Du Dein Geld verdienst? Oder, noch zugespitzter: Akquise ist eine Tätigkeit knapp oberhalb der Prostitution. Kurz: Verkaufen ist „pfui bäh"!

Viele Menschen weisen Akquise – gar „kalt" und am Telefon – von sich und ziehen es kaum in Betracht, sie professionell zu nutzen, um mit ihrer Hilfe ihr Geld zu verdienen. Die vorschnelle Ablehnung bringt Sie unternehmerisch allerdings nicht weiter. Wohl aber, wenn Sie sich als Unternehmer selbst das Recht einräumen, aktiv und gezielt potenzielle Neukunden anzusprechen. Damit versetzen Sie sich in die Lage, schließlich auch gute Geschäfte mit ihnen zu machen.

Was sind denn überhaupt „gute“ Geschäfte? Meines Erachtens die, die für alle Beteiligten einen Vorteil bringen. Der Käufer bekommt genau die Leistung, die er braucht und mit der er zufrieden ist – und der Verkäufer macht damit angemessenen Umsatz. In unserer Branche sagt man dazu gerne Win-win.

Selbsterlaubnis als wichtige Grundlage

Somit haben wir es hier offenbar mit einem Fall von Selbsterlaubnis zu tun, die wir uns in unserem Unternehmertum entweder geben oder versagen. Dazu gibt es nun eine weitere ausgesprochen gute Nachricht: Haltung und innere Erlaubnis können wir selbst steuern.

Bitte legitimieren Sie sich!

Dies ist der Dreh- und Angelpunkt für Ihre emotionale Einstellung und klärt für Ihren Kunden, was Sie miteinander zu tun haben.

Einziger Unterschied bei Akquise- und Coachinggespräch: Die Legitimation!

Phase	Methode/Instrument und Inhalt der Gesprächsführung	Coaching	Akquise
Gesprächseinstieg: – Begrüßung – Vorstellung	Telefontaugliche Sprechweise: langsam, leise, deutlich Präzise und klare Informationen liefern Höflicher, respektvoller Umgang mit dem Gesprächspartner	X X X	X X X
Anlass, **Legitimation** & Gesprächserlaubnis einholen	Annahme formulieren oder Standpunkt darlegen, geschlossene Frage: Können wir jetzt zu diesem Thema in den Dialog gehen?	X X	X X
Zielvereinbarung	Offene Frage: Wo soll das Gespräch hinführen? Zuhören Vorschlag machen, Wunsch äußern Zuhören, Informationen sammeln und dokumentieren	X X (**X**) kann	X X X
Aktuelle Situation	Offene Frage: Wie ist die aktuelle Situation in Bezug auf das formulierte Ziel? Zuhören, Informationen sammeln und dokumentieren	X X	X X
Fragen & Antworten	Offener Austausch Zuhören, Informationen sammeln und dokumentieren	X X	X X
Neue Lösungsansätze	Offener Austausch Annahme(n) formulieren Sammeln, Sortieren und daraus neue Ideen entwickeln Metaphern und Analogien bilden, Storytelling Erfahrungs- und Praxisberichte geben	X (Coachee bestimmt Inhalt)	X (Anbieter bestimmt Inhalt)
Diskurs & Entscheidung	Gewichten und priorisieren, ggf. SWOT-Analyse	X	---
Klare Vereinbarungen treffen	Abmachung treffen: Wer macht was bis wann? Wiederholen und dokumentieren	X	X
Feedback	Blitzlicht Feedback geben und nehmen nach üblichen Regeln	X	(**X**) kann (**X**) kann
Gesprächsabschluss: - Verabschiedung	Höflicher, respektvoller Umgang mit dem Gesprächspartner „Abbinder“ finden und Ausblick geben Sofern passend: Glückwünsche/Danksagung Positiver und entschlossener Gesprächsausstieg	X X X (X) X	X X X (X) X

Hier haben wir es nun also vor Augen: Es gibt lediglich einen einzigen eklatanten Unterschied zwischen einem Coaching- und einem Akquisegespräch! Dieser ist jedoch maßgeblich dafür, dass sich die Mehrheit der im Geschäftsleben Tätigen mit der Kaltakquise so schwertun: Es fehlt die *Legitimation*, die Sie zur Eröffnung aller anderen Gesprächen haben – ob im Business oder privat. Haben Sie auch diese Hürde überwunden, können Sie im Grunde tief durchatmen, denn den Rest schütteln Sie mit ein bisschen Routine aus dem Ärmel.

Think!

Mit einer hinreichenden Legitimation zur Kontaktaufnahme kommt der besondere Kniff ins Spiel, damit Sie endlich ohne schlechtes Gewissen zum Hörer greifen und Ihren zukünftigen Kunden anrufen können.

Hier liegt der Dreh- und Angelpunkt für Ihre emotionale Einstellung in Bezug auf die Kontaktaufnahme zu einem potenziellen Kunden. Oft gibt es eine „Vorgeschichte", die Sie legitimiert. Bestes Beispiel dafür ist die Empfehlung. Oder man hat sich schon mal informell irgendwo kennengelernt. Fehlen solche Anlässe, verlieren wir den Mut und die Ideen, jemand Fremden anzusprechen. Man will ja nicht stören, sich nicht aufdrängen. Das ist im Sinne der Höflichkeit bestimmt in Ordnung, steht uns aber in der Selbstständigkeit im Weg. Deshalb müssen wir in diesen Fällen unternehmerisch-proaktiv selbst für das legitime Recht zur Kontaktaufnahme sorgen. Das geht so:

Legitimation # 1: Rein rechtlich betrachtet ...

Das Gesetz gegen den unlauteren Wettbewerb (UWG) verlangt, dass wir beim Bewerben unserer Produkte im B2B beachten, ob der potenzielle Kunde, den wir ansprechen, überhaupt Interesse an unserer Leistung haben kann. Für die Praxis bedeutet dies vereinfacht gesprochen, dass Sie gut daran tun, einem Friseur nur Haarschneidegeräte anzubieten und keine Rasentrimmer. Konkret ist in § 7 Abs. 2 die Rede von einer „zumindest mutmaßlichen Einwilligung", die der Kunde unserem Angebot gegenüber haben muss. Klingt dehnbar? Da haben Sie recht, in Zweifelsfällen sollten Sie einen Juristen hinzuziehen.

Legitimation # 2: Was haben Sie mit Ihrem Kunden zu tun?

Auch von der gesetzlichen Verpflichtung abgesehen, ist die Legitimation eine unerlässliche und sehr willkommene Eintrittskarte in den Dialog. Je gründlicher Sie sie vorbereiten, desto geschmeidiger verläuft der Erstkontakt. Meine Kunden berichten oft, dass das die mit Abstand schwierigste Aufgabe im gesamten Vertriebsprozess für sie ist: „Wie finde ich einen guten Einstieg in ein Akquisetelefonat? Ich störe doch sicher, oder? Und dass, was ich anzubieten habe, hat der andere sicher schon 1000-mal gehört – ich mache halt „nur" Führungstraining! Und eigentlich bin ich ja nur ein Wald- und Wiesentrainer ..."

Bitte sagen Sie „Stopp!" zu dieser unseligen Negativspirale. Sie führt zu nichts. Entwickeln wir stattdessen lieber eine positive Prognose: Eine profunde Legitimation klärt für Sie und für den Kunden, was Sie miteinander zu tun haben, und baut eine tragfähige Brücke zwischen Ihnen als Anbieter und Ihrem zukünftigen Kunden. Diese Brücke ist nichts anderes als ein glaubwürdiger und nachvollziehbarer Grund für einen Anruf. Wie Sie die Brücke konstruieren und welche „Baustoffe" Sie dafür benutzen können, arbeiten wir ab S. 51 sorgfältig aus.

Tipp!

Zur Hilfestellung und als Inspiration finden Sie unter den Download-Ressourcen zu diesem Buch zusätzlich

- Hilfreiche und bewährte Legitimationen „Eisbrecher am Telefon"
- Tipps, wie und wo Sie Ihre Legitimationen am besten sammeln sowie
- Beispiele für exzeptionelle Akquise-Ideen.

Für die nächsten Vorbereitungsschritte möchte ich Sie zu einem kleinen Gedankenexperiment einladen: Was passiert bei Ihnen, wenn Sie einen Akquiseanruf erhalten?

Kategorischer Imperativ der Telefonakquise

Der Imperativ gibt Ihnen die Sicherheit, nicht zu weit zu gehen.

Erinnern Sie sich mal an das letzte Verkaufsgespräch: Das Telefon klingelt, Sie gehen ran. Am anderen Ende spricht jemand, den Sie weder anhand des Namens noch an der Stimme erkennen. Sie wissen auch nicht, was er oder sie von Ihnen will. Was passiert jetzt

Was spielt sich in Ihrem Kopf ab? Was ist Ihnen angenehm, wann fühlen Sie sich in der Gesprächssituation unwohl? Sammeln Sie doch mal: Spüren Sie spontane Lust am Widerspruch? Bemerken Sie inneren Widerstand, weil Sie bei etwas anderem gestört wurden? Oder regelrechten Unmut, weil Sie eigentlich dringend einen anderen Anruf erwarten und die Leitung jetzt blockiert ist? Oder sind Sie ganz entspannt und merken, dass Sie sogar offen wären für einen kleinen Plausch am Telefon, solange er nur nett ist und Ihnen was Neues bringt?

Es gibt eine Menge, die in einem Kopf während eines Telefonats vorgehen kann. Was am anderen Ende der Leitung gerade los ist und was im Kopf des dortigen Menschen vorgeht, können wir nicht wissen. Daher gilt sozusagen der kategorische Imperativ der Telefonakquise: Was Du nicht willst, das man Dir tu, das füg' auch keinem anderen zu. Auch nicht am Telefon. Im Grunde wohnt Ihnen diese „moralische Leitplanke" längst inne: Ihre Ihnen eigene Höflichkeit und Ihr Fingerspitzengefühl.

Ihr Gedankenexperiment zum Kategorischen Imperativ

Sie finden das folgende Gedankenexperiment auch als Aufgabenblatt unter den Download-Ressourcen.

Think!

Bitte versetzen Sie sich in die Situation, als Sie das letzte Mal selbst „Empfänger“ eines Akquiseanrufs geworden sind. Bitte erinnern Sie sich:

- Was war Ihr erster Gedanke, als Sie hörten, dass es ein Akquiseanruf ist? Bitte notieren Sie:
- Wie war das Gefühl, das Sie beschlich?
- Wie war Ihr Impuls, das Gespräch zu steuern?
- Wie würden Sie sich einen Akquiseanruf wünschen?

Begeben wir uns doch jetzt mal in die Schuhe Ihres Kunden. Wie geht es wohl ihm, wenn Sie anrufen?

Die ungehörten Fragen Ihrer Kunden

Der Kunde ist nur dann für ein vertieftes Gespräch bereit, wenn seine drei wichtigsten Fragen an Sie schlüssig beantwortet sind.

Wird jemand in einem Telefonat mit einem neuen Gesprächspartner und einem neuen Thema konfrontiert, stellt er sich in aller Regel drei Fragen:

1. Wer ist der Mensch am anderen Ende?
2. Was will er von mir – oder auch: Was will er mir verkaufen? Und schließlich:
3. Warum will er das ausgerechnet mir verkaufen?

Akquisegespräche laufen erfahrungsgemäß dann am besten, wenn wir diese unausgesprochenen Fragen des Angerufenen möglichst gleich zu Beginn schlüssig beantworten. Diese Vorgehensweise bewirkt, dass der Gesprächspartner bereit ist, sich auf das Telefonat mit uns einzulassen und im Dialog bei uns zu bleiben, weil er schnell versteht, wer wir sind und worum es uns geht. Man könnte sagen, ein gutes Gespräch ist ein Stück (Kommunikations-)Weg, auf das wir unseren Gesprächspartner als Reisegefährten mitnehmen.

Machen Sie klare Angaben über Ihre „Route".

Wie finden Sie nun die Antworten auf diese unausgesprochenen Fragen eines jeden Angerufenen? Wer von vornherein die klare Ansage bekommen hat, wohin die Reise geht, wie lang sie dauert und welche Route wir nehmen werden, vertraut dem Reiseführer. In Akquise übersetzt heißt das, unsere Route hat diese drei Etappen:

1. Wer ist der Mensch am anderen Ende? Ihre *Anbieterpersönlichkeit* ist gefragt!
2. Was will er mir verkaufen? Beschreiben Sie Ihre *Leistung*!
3. Warum will er das ausgerechnet mir verkaufen? Bauen Sie eine *Brücke zu Ihrem Kunden*!

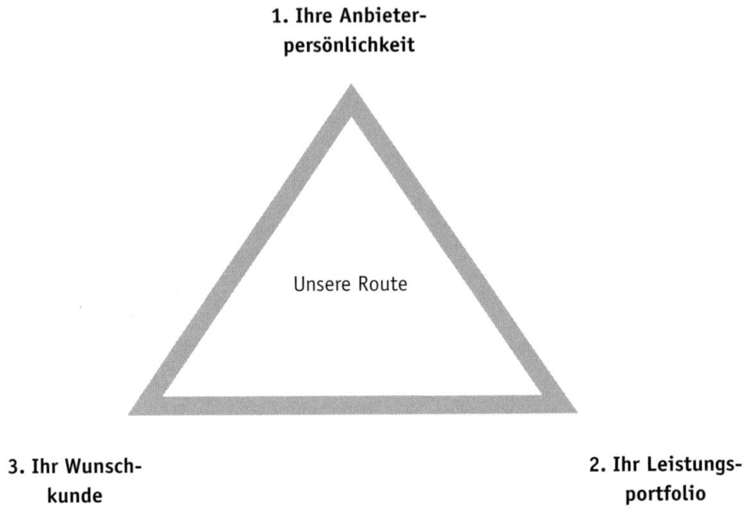

Die Route erleichtert jede Selbstvermarktung.

Die Aufgabe bei dieser Reise besteht darin, die drei Elemente ausgewogen zu gestalten, sodass sie sich gegenseitig stützen und zu einer Einheit fügen. Mit meinen Kunden mache ich die Erfahrung, dass das Dreieck zu innerer Klarheit und für Sicherheit in der Selbstvermarktung führt. Wenn sich das Bild plötzlich zusammenfügt und alles zueinander passt, ist das oft ein Heureka-Moment – immer wieder wunderbar und magisch.

Übrigens: Mit diesen drei Fragen bekommen Sie es immer zu tun, wenn Sie in Sachen Selbstvermarktung aktiv sind. Einerlei, ob Sie Ihre Website texten, einen Flyer oder eine Broschüre entwickeln – oder eben jedes andere Gespräch im Businesskontext führen. In der heiklen Situation des knappen und kurzen Gesprächseinstiegs bei der Telefonakquise erlangen sie deshalb eine besondere Bedeutung, weil das Kommunikationsmedium Telefon zu Kürze und Prägnanz zwingt. Da haben Sie für einen sympathischen, öffnenden Einstieg bestenfalls etwa zwei Minuten Zeit, oft noch weniger.

Nutzen Sie das Telefon als Nagelprobe für Klarheit.

Das ist einerseits gemein, denn es erfordert vom Anrufer strikte Konzentration aufs Wesentliche. Darin liegt andererseits aber auch die Chance: So eignet sich das Telefon wunderbar als Nagelprobe für Ihre Klarheit und wird zum anspruchsvollsten Übungsparcours für Ihre prägnante Präsentation. Um mit Frank Sinatra zu sprechen: If you can make it there, you make it everywhere!

02

Wer? – Ihre Anbieterpersönlichkeit

Zunächst wird vertieft, was in Ihrer Selbstpräsentation vorkommen sollte und was nicht, denn Ihre **Person ist nicht gleich die Anbieterpersönlichkeit.**

Wenn diese Unterscheidung getroffen ist, gilt es, Ihre Anbieterpersönlichkeit **ins rechte Licht zu rücken.**

Person ist nicht Anbieterpersönlichkeit

Trotz „People Business“: Trennen Sie sorgfältig zwischen sich als Anbieter und sich als Privatperson.

Wie die Anbieterpersönlichkeit entwickelt wird, lässt sich am besten an einem Beispiel zeigen. Unser „Mustermann“ ist Hein Hinrichsen aus Hamburg, seit über 15 Jahren freier Unternehmensberater und Coach. Bisher hat er seine Aufträge bekommen, weil er häufig weiterempfohlen wird, wie er berichtet:

> „Egal, welchen Bedarf sie haben, sie fragen mich immer zuerst, ob ich das nicht auch machen kann: größere Change-Prozesse, maßgeschneiderte Führungsseminare für die High Potentials, Coaching, wenn es mal in einem Team knirscht oder wenn einer der Abteilungsleiter ein Problem mit einem Mitarbeiter hat ... Die Vorstände holen mich sogar für ihren jährlichen Strategieworkshop, weil sie die Interna vor niemandem sonst ausbreiten wollen. Alles kein Problem! Das schüttle ich mit meiner Erfahrung alles locker aus dem Ärmel. Aber warum auch immer, in diesem Jahr haben die Empfehlungen plötzlich nachgelassen und ich will, nein – muss! – mich jetzt mal ernsthaft um neue Kunden kümmern.“

Sich zu beschreiben fällt ihm nicht weiter schwer:

> „Klar, über mich als Anbieter kann ich ohne Punkt und Komma erzählen: Ich bin 53 Jahre alt, Unternehmensberater und ausgebildeter Coach, sogar mit drei, nein vier! Zusatzqualifikationen. Seit 15 Jahren bin ich selbstständig und – wie ich sagen darf – auch mit Erfolg: Ich beherrsche komplexe Change-Projekte, kann aber genauso Seminare geben, Coaching sowieso. Vorher war ich in der Automotive-Industrie, habe da große, internationale Projekte gemanagt. Ich lebe in München, bin Familienvater, habe zwei Söhne, Helmut und Michael und eine tolle Frau. Privat mag ich Wasser und Berge: Ich segle gern, bergsteigen ist mein Ausgleich ...“

Hier ist erst mal bremsen angesagt, denn Ihre Person ist nicht gleich Ihre Anbieterpersönlichkeit.

Klar, wir sind im „People Business" unterwegs. Besonders da hat der Mensch Hein Hinrichsen mit all seinen Facetten eine Menge zu tun mit dem unternehmerisch agierenden Anbieter Hein Hinrichsen. Daraus ergibt sich eine wesentlich größere Schnittmenge als zum Beispiel in kaufmännischen oder technischen Berufen, wo der Fachkompetenz relativ mehr Bedeutung beigemessen wird.

Dennoch gibt es bei allem „Menscheln" in unserer Branche auch einen strikt getrennten Bereich insbesondere bei der Frage, was rein privat ist und nicht ins Business gehört. Alles andere darf in Ihre Anbieterpersönlichkeit fließen, die wir konstruieren wie einen Avatar: Bestimmte Persönlichkeitsmerkmale werden besonders ins Scheinwerferlicht gestellt, sofern es der Wahrheit entspricht und im Rahmen Ihrer positiven Darstellung nützlich ist.

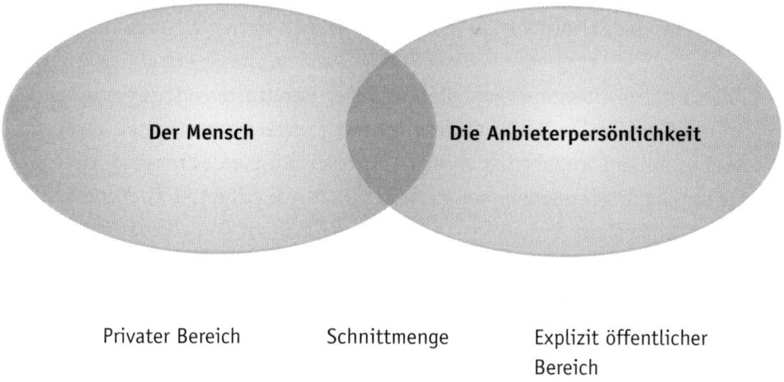

Abb.: Person und Anbieterpersönlichkeit

Wenn wir anhand dieser Grafik Ihre persönlichen Merkmale auflisten: Was gehört wohin? Damit kann unser Beispiel Hein Hinrichsen nun schnell und sauber trennen: Er entscheidet, welche seiner positiven Eigenschaften er als Teil seines Anbieterpersönlichkeit im öffentlichen Bereich sichtbar macht und zukünftig gezielt zur Selbstvermarktung nutzt – und was er strikt getrennt davon hinter dem Vorhang der Intimsphäre behält.

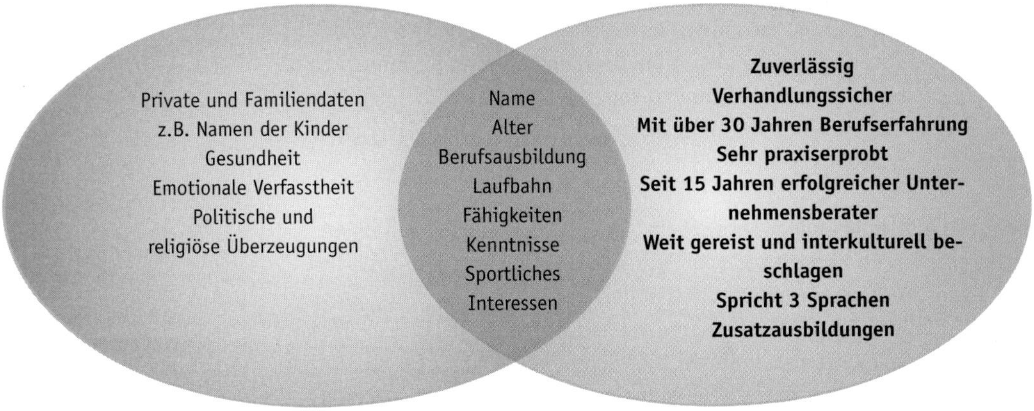

Abb.: Person und Anbieterpersönlichkeit am Beispiel

Im Fall von Herrn Hinrichsen war das einfach. Es kann aber auch Randunschärfen bei der Schnittmenge geben, die Fragen aufwirft. Zwei Beispiele:

- Die religiöse Überzeugung spielt in Ihrer Beratungs- oder Lehrtätigkeit in der Regel keine Rolle. Anders verhält es sich, wenn Sie schwerpunktmäßig im Tendenzbetrieb einer der großen Kirchen aktiv sind. Da wäre es nicht nur ein vergebener Vorteil, mit Ihrem gelebten Katholizismus hinter dem Berg zu halten – es ist manchmal sogar die Voraussetzung, um überhaupt als Anbieter in Frage zu kommen.

- Treu sorgendes und begeistertes Elternteil zu sein, kann absolut ein Plus in der Selbstdarstellung bringen – zumal in unserem Bildungs- und Beratungsgeschäft. Das spricht für Menschenfreundlichkeit und Verantwortungsbewusstsein. Wie aber die Ehepartner und die Kinder heißen, wie alt sie sind oder gar Fotos von ihnen sind im Business tabu. Eigentlich eine Selbstverständlichkeit, dennoch findet sich erstaunlich oft eine Verletzung der Persönlichkeitsrechte von Familienmitgliedern – denn darum handelt es sich bei Lichte betrachtet.

Doch was hat diese wichtige Unterscheidung in private und öffentliche Bereiche mit kluger Selbstpräsentation zu tun? Eine Menge!

Rücken Sie sich ins rechte Licht

Hier erfahren Sie, wie Sie Ihre Anbieterpersönlichkeit definieren können.

Die bewusste Gestaltung einer Anbieterpersönlichkeit hilft Ihnen bei der Entscheidung, welche Ihrer vielen positiven Merkmale Ihnen bei der unternehmerischen Selbstvermarktung nützlich sein können. Dabei denken die meisten zunächst ganz richtig an ihre handfesten Qualifikationen wie:

- Ausbildung
- Berufserfahrung
- Feldkompetenz
- Weiterbildungen in die Bildungs-/Beratungsrichtung
- Querschnittskompetenzen wie Sprachen, IT-Wissen etc.

Damit es sich leichter weiterarbeitet, können Sie folgende Matrix nutzen. Sie hilft Ihnen beim Sortieren und Beschreiben Ihrer Kompetenzen:

Ausbildung	Karriere vor Trainerdasein	als Trainer, Berater, Coach
Praxiserfahrung		
Branchenerfahrung		
Querschnittskompetenzen		
Sprache		
EDV-Kenntnisse		

Tab.: Kompetenzen sortieren

Personaler schauen auf frühere Praxiserfahrung.

Für die meisten Personaler ist das wichtigste Kriterium die Praxiserfahrung, die sich ein Anbieter vor seinem Dasein als Berater, Trainer oder Coach angeeignet hat. Sie zählt, denn anhand ihrer lässt sich am einfachsten entscheiden, in welchem Bereich und in welcher Funktion er seine sogenannte Feldkompetenz erlangt hat. Die Erfahrung des Trainers, Beraters oder Coachs – und zwar gerne über einen längeren Zeitraum hinweg – gilt als die Messlatte für die Fähigkeit, davon besonders viel weiterzugeben.

Auf der Anbieterseite sieht die Welt anders aus: Für meine Kunden liegt der Spaß und die Herausforderung oft in der Unterschiedlichkeit der Projekte, weshalb sie gerne einmal „Branchenhopping" betreiben. Sie argumentieren bevorzugt damit, dass gerade ihr breiter, nicht auf eine Branche beschränkter Background sie zu einem attraktiven Partner für PE-Projekte macht. Die meisten HR-Abteilungen gehen da allerdings nur ungern mit und wählen lieber den aus ihrer Sicht sicheren Weg: Sie entscheiden sich für den Anbieter mit der längsten und überzeugendsten Branchenerfahrung.

Daneben zählt für Ihren Auftraggeber meist Ihre Berater-/Trainerpraxis sowie Ihre erfolgreich abgeschlossenen Kundenprojekte. Die beiden Elemente zusammen ergeben ein aussagekräftiges Bild über Ihre Feldkompetenz. Ihre Referenzen ergänzen das Bild.

Auch die methodische Ausrichtung ist im Fokus.

Relativ häufig schauen Personalentscheider auf Ihre methodische Ausrichtung. In der Praxis begegnen Ihnen potenzielle Kunden, die bestimmte Methoden bevorzugen und andere, die bestimmte Methoden ablehnen. Regeln lassen sich weder finden noch ableiten, da diese Vorlieben meist auf den eigenen Erfahrungen der Personalfachleute beruhen und somit ein reines Zufallsprodukt sind.

Außerdem zeichnet sich in der Zusammenschau vieler Jahre ab: Die Bedeutung typischer Weiterbildungen im Bereich Coaching und Training wird von den meisten Anbietern weitaus höher bewertet als von ihren Kunden.

Auch ein Avatar ist nur ein Mensch

Jenseits dessen gibt es in unserem People Business ein verstärktes Interesse an den menschlichen Eigenschaften. Auch ausgewählte Soft & Social Skills können wir in der Vermarktung einsetzen.

Unser Beispiel Hein Hinrichsen hat dafür schon ein Beispiel geliefert: Seine internationale Projekterfahrung schreibt er sich zu Recht stolz auf die Fahnen. Damit legt er in seinem Beraterprofil einen Spot auf seine Weltgewandtheit und interkulturelle Kompetenz – und verdeutlicht seine gefragten Fertigkeiten, die keinesfalls selbstverständlich sind.

Ein Tipp aus Erfahrung: Wahren Sie eine kritische Distanz zu einer allzu menschlichen Darstellung. Es geht um Ihre business-relevanten Eigenschaften und nicht um Ihre Eigenschaften als Vater, Schwester, Liebhaber, Therapeutin oder Freund.

Eine zu menschliche Darstellung besser vermeiden

Einige Beispiele:

Business-relevante Eigenschaften	**Eher „allzu" menschliche Eigenschaften**
lösungsorientiert	mitfühlend
zielgerichtet	empathisch
entschlossen	achtsam
durchsetzungsstark	zugewandt
aufgeschlossen	verständnisvoll
inspirierend	emotional annehmend, akzeptierend
kreativ	unterstützend, helfend
kritikfähig	ganzheitlich
stabil, „sturmerprobt"	sinnlich, esoterisch

Tipp!

Falls Ihnen das Sammeln und Sortieren Ihrer Persönlichkeitsmerkmale schwerfällt, fragen Sie Menschen in Ihrem Umfeld, was die an Ihnen schätzen und mögen! Und zwar sowohl private Kontakte als auch Ihre Kunden. Da die meisten von uns aus Erziehungsgründen eher dazu neigen, ihr Licht unter den Scheffel zu stellen, ist in dieser Frage der Fremdwahrnehmung eher zu trauen als dem Selbstbild. Für Sie gilt: Klappern gehört zum Handwerk! Der anderen Gruppe, die eher zur Selbstüberschätzung neigt: Schönen Gruß von der dunklen Seite des Johari-Fensters, fragen also auch Sie gern mal in Ihrem Umfeld nach! ☺

Absagen betreffen Ihren Avatar, nicht Sie als Mensch.

Der wichtigste Punkt kommt zum Schluss: Für meine Kunden ist es oft äußerst entlastend, zu erkennen, dass sich die Ablehnung eines Angebots nicht an ihre Person richtet, sondern an die Anbieterpersönlichkeit, an den Avatar. Ein entgangenes Geschäft schmerzt trotzdem, natürlich, aber die Absage trifft nicht mehr so tief ins Mark. Die Absage bedeutet schlimmstenfalls, noch einmal ein bisschen am Avatar zu schrauben, nicht aber an der Person.

Spezialfall Anbieterteams

Herr Hinrichsen überlegt. Im Grunde leuchtet ihm das alles ein, aber einen Gedanken will er noch loswerden:

> „Das mit der Anbieterpersönlichkeit ist logisch, wenn ich alleine auftrete. Aber ich habe mich parallel mit einigen Beratern zusammengeschlossen, die als Gesellschaft im Markt auftreten und auf größere, internationale Mandate spezialisiert sind. Da spielt meine Persönlichkeit ja keine so große Rolle. Wie funktioniert das denn da mit dem Avatar?"

Dieser Fall tritt häufiger auf. Eine Beratungsgesellschaft, ein Trainingsinstitut oder die vielen anderen möglichen Kooperationen in unserem Markt funktionieren natürlich etwas anders als die Vermarktung einer Einzelperson.

Auf diese Fälle lässt sich das Konzept übertragen und analog verwenden, denn auch ein Anbieterteam steht für eine bestimmte Kombination von Eigenschaften, die sie unverwechselbar macht. Im Fall von Herrn Hinrichsen schreibt diese Gesellschaft sich auf die gemeinsame Fahne, komplexe technische Projekt-Rollouts in den deutschen Schlüsselindustrien auch global verlässlich managen zu können. Damit finden wir hier ähnliche Kompetenzen: Handling komplexer Prozesse, hohe Sprach- und interkulturelle Kompetenz, Flexibilität, Agilität und Tempo, Reisebereitschaft etc.

03

Was? – Ihre Leistung

Zunächst erhalten Sie hier Hilfestellung, um das Spektrum Ihrer Leistungen zu sortieren und **System in Ihr Portfolio zu bringen.**

Wenn Sie wissen, auf welchem Ihrer Produkte Ihr Marketingfokus liegen sollte, geht es daran, **Ihre Leistung telefontauglich vorzubereiten.**

Bringen Sie System in Ihr Portfolio

Finden Sie heraus, worauf sich Ihre Vermarktung vorrangig konzentrieren sollte.

Da wir nun die herausragenden Anbietermerkmale von Herrn Hinrichsen ausgearbeitet haben, kümmern wir uns um den zweiten der drei Schlüsselaspekte, sein Portfolio.

Nach dem Schwerpunkt seiner Tätigkeit gefragt, fällt es Hein Hinrichsen schwer, sich für einen zu entscheiden. Das ist nur natürlich, denn er hat sich über die Jahre ein Leistungsspektrum erarbeitet, das kaum Wünsche offen lässt. Wie komfortabel ist das für ihn und seine Stammkunden! Man kann ihn wirklich fast auf jedes Thema ansprechen. Er kann stets eine probate Lösung aus seiner Beratertasche ziehen. „Breitbandprofis" wie er beherrschen ihr Metier im Schlaf, das ist fraglos eine Qualität. Daraus ziehen sie ihre Authentizität, Souveränität, ihre Präsenz und ihr Charisma. Nur ... für einen Kunden, der den Breitbandprofi noch nicht kennt, ist das ein echter Hemmschuh! Und auch für den Anbieter selbst – wie unseren Herrn Hinrichsen – ist nur noch schwer zu fassen, wofür er wirklich steht und was ihn ausmacht.

Leistungsbreite nicht als USP nutzen

Die intuitive Reaktion der meisten Anbieter in dieser Situation ist ebenso verständlich wie fatal: Sie erheben ihre Leistungsbreite zum USP – und das geht meistens gründlich schief. Stellen Sie sich vor, Sie leiten die IT bei einem großen Mittelständler und haben eine komplizierte Software-Migration vor der Brust. Also machen Sie sich auf die Suche nach einem versierten Profi, der Sie dabei begleitet und bekommen von einem Anbieter zu hören: „Mein USP ist: Ich kann alles!" Glauben Sie, er wäre der Partner Ihrer Wahl für dieses Projekt, würden Sie es ihm anvertrauen? Für diese verzwickte Anbietersituation gibt es eine probate Lösung.

Oft begegnen einem Bildungs- und Beratungsanbieter, die ihr Portfolio in gleicher Gewichtung nebeneinanderstellen. So entsteht eine lange Liste mehr oder weniger unverbundener Einzelelemente. Klickt man auf die Website eines solchen Anbieters, sieht das oft so aus:

Meine Leistungen:
- Kommunikationstraining
- Konfliktlösung
- Mediation
- Teamentwicklung
- Führungsentwicklung
- Workshop-Moderation
- Coaching

Daraus ergeben sich zwei Probleme:

- Ihr Kunde kann nicht erkennen, was Sie besonders gut können und was er bei Ihnen in der besten Qualität bekommt.

- Und Sie verunsichern sich mit dieser Leistungsunschärfe selbst in Ihren Vermarktungsaktivitäten.

Was wollen oder sollen Sie wie wann und mit wie viel Verve vermarkten? Wie lautet dazu Ihr Elevator Pitch? (Vgl. S. 106 f.) Unterscheiden Sie sich damit hinreichend von anderen Anbietern?

Aber fokussieren wir besser noch einmal Ihren Kunden, auf dessen Meinung es ja ankommt. Für ihn birgt so eine Ich-kann-vieles-Liste einige eklatante Kaufrisiken:

Breitbandprofis als Kaufrisiko

- Das Angebot liest sich wie ein zufälliger Bauchladen nach dem Motto: Einmal für einen Kunden ein neues Seminar entwickelt und schon taucht es als weiterer Schwerpunkt im Portfolio auf. Der Kunde fragt sich: „Was macht der Anbieter nicht?“ und misstraut dessen Kompetenz. Der Kunde fühlt sich wenig ermutigt, denn der Anbieter ist scheinbar nicht in der Lage, auf einen Punkt zu fokussieren.

- Die Liste legt darüber hinaus eine gewisse Bequemlichkeit des Anbieters nahe, der es versäumt, ein neues Thema in sein Portfolio zu integrieren. Der Einfachheit halber „flanscht“ er es einfach an.

- Schließlich – und das ist die wichtigste Kritik – kann sich ein Kunde diese „heruntergeleierte“ Aufzählung schlecht merken. Wer als Anbieter aber in Vergessenheit gerät, dem entgehen Anfragen, Aufträge und Weiterempfehlungen.

Was ist das Wichtigste?

Wäre ich an der Stelle eines Kunden, würde ich den Trainer oder Coach als Erstes fragen, was denn seiner Meinung nach das wichtigste auf seiner Liste ist.

In der Beratung stelle ich die Frage tatsächlich. Die Antwort fällt unterschiedlich aus, abhängig davon, was für den Trainer, Berater oder Coach im

Zentrum steht: der persönliche Spaßfaktor, das Umsatzpotenzial oder das, was er am besten kann. Alles darf. All das sind gute Antworten.
Doch die Frage muss einfach einmal gestellt werden. Erst die strategisch-konzeptionelle Auseinandersetzung mit dem eigenen Wirken offenbart, was für den Trainer, Berater oder Coach Haupt- und was Nebensache ist.

Dabei lässt sich gut mit dem Bild eines Kometen arbeiten: Der heiße, helle Materialteil vorne ist die Kernleistung und alles, was auch „irgendwie" dazugehört, kommt im Kometenschweif dahinter. Diese Teile sind auch wichtig für das runde Ganze, aber sie sind weniger heiß, folgen etwas später und sind langsamer.

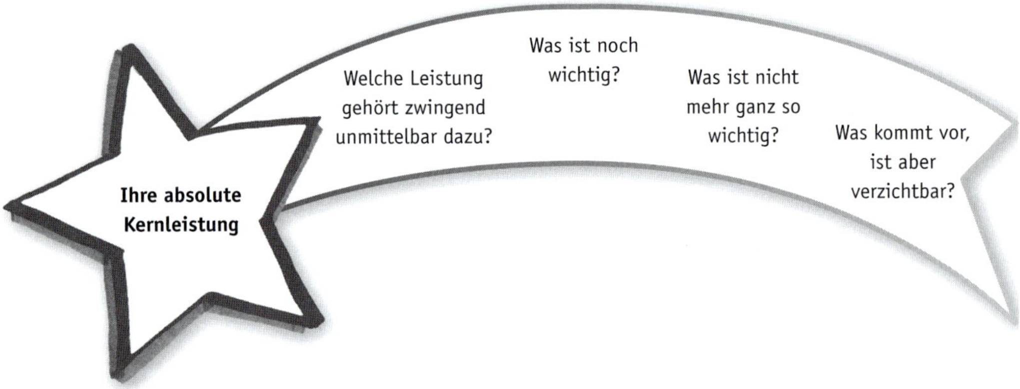

Setzen Sie Ihren Leistungsschwerpunkt

Versuchen Sie doch einmal, so einen Kometen als Mindmap zu nutzen und Ihre Einzelleistungen dort einzutragen, wo sie hingehören. Diese Aufgabe finden Sie auch unter den Download-Ressourcen zum Herunterladen und Ausdrucken. Inklusive einer Schritt-für-Schritt-Hilfe, die Ihre Überlegungen unterstützt. Systematisieren können Sie über zahlreiche Wege, beispielsweise:

- Was ist die Triebfeder Ihres Wirkens, Ihr *Anliegen*? Ist dies der gemeinsame Nenner Ihres Schaffens?
- Verfolgen Sie ein *Fachthema*, in dem Sie sich als Experte oder Expertin einen Namen gemacht haben?

- Ist das verbindende Element eine bestimmte *Methode*, mit der Sie vorzugsweise arbeiten?
- Erbringen Sie Ihre Leistungen vielleicht nur in einem bestimmten *Kundensegment*?
- Oder nur in einer bestimmten *Region*?
- Oder erscheint es Ihnen sinnvoll, *Leistungspakete* zu packen, z.B. Standard und Premium?

Im Idealfall entdecken Sie bei der Suche nach Ihren Leistungen einen roten Faden, der sich durch alles zieht, was Sie tun. Und wie. Und für wen. Und wenn Sie den gefunden haben, besitzen Sie das, was Sie für einen guten Auftritt brauchen – sogar am Telefon.

So wird Ihre Leistung telefontauglich

Lernen Sie, wie Sie Ihre Leistung treffend, verständlich und kurz am Telefon schildern.

Ein Motto erleichtert die Vermarktung.

Wenn Sie Ihre Leistungen auf diese Weise grundsätzlich bewertet haben, können Sie der Pflichtübung die Kür folgen lassen: Kreieren Sie ein Motto. Der Weg ist mühsam, wohl wahr. Doch sobald Sie Ihrem Schaffen eine Überschrift, ein Motto oder eine Systematik geben können, vermarktet es sich einfacher und besser. Das ist der dauerhafte Gewinn. Wichtig dabei: Das Dach, unter das Sie Ihre Leistung stellen, muss für Außenstehende schlüssig und nachvollziehbar sein.

Ein gutes Motto bezieht einen Standpunkt, macht sich einen gesellschaftlichen Zustand zum Thema und/oder ergreift Anwaltschaft für eine bestimmte Personengruppe. Um das anhand eines bewusst artfremden Beispiels zu verdeutlichen: Ein Tischler sagt Ihnen nicht, dass er vermisst, zeichnet, sägt, leimt und lackiert, sondern dass er Schränke für schräge Ecken baut. Ah so! Schon ist alles klar. Übertragen in unsere Welt hieße das: Befragt nach Ihrem Tun antworten Sie nicht: „Ich berate, trainiere, coache, moderiere und unterstütze“, sondern ...

Tja, genau da knirscht es oft. Wegen des starken Wettbewerbs und weil es nicht ganz einfach ist, die „Brennweite“ richtig zu erwischen. Während „Coach für Veränderung“ eindeutig zu oberflächlich und unspezifisch bleibt, ist „Coach für berufliche Veränderungen von mittleren Managern in KMU“ zu kompliziert und einfach unpraktisch. Wie wäre es aber zum Beispiel mit „Coach für ADHS-geplagte Eltern“? Dann könnte ein Motto lauten: „Endlich wieder durchschlafen!“ Oder, wenn Sie als Top-Executive-Berater unterwegs sind „Spitzenleistung in dünner Luft“. Das spricht zu Ihrer Umwelt, setzt ein Signal und Bilder im Kopfkino in Gang. Mir persönlich gefallen außerdem gut:

Beispiele für gute Mottos

- Bettina Stackelberg: Die Frau fürs Selbstbewusstsein
- Thomas A. Knappe: Führen aus der Ferne
- Dr. Sylvia Löhken: Der Coach für die leisen Menschen

Tipp!

Suchen Sie unter Ihrer Kollegenschaft mal nach Mottos, die Sie ansprechend finden, die Ihnen sofort was sagen und Ihr persönliches Kopfkino ins Laufen bringen. Auf dieser Spur können Sie bleiben.

Wenn es Ihnen dagegen für den Moment zu viel ist, Ihr gesamtes Portfolio und dessen Vermarktung wegen eines Mottos auf den Kopf zu stellen, bietet sich eine einfachere, alltagstaugliche Lösung an. Gehen wir zurück zu unserem geschätzten Herrn Hinrichsen.

Picken Sie die Cashcow raus!

Auch Hein Hinrichsen entscheidet sich für den Moment lieber für die „kleine" Lösung. Kein Problem, für eine Akquiseaktion reicht es völlig aus, sich ein Produkt aus dem Gesamtportfolio zu picken. In diesem Fall empfiehlt es sich, eines auszuwählen, das man entweder besonders gern mag oder eines, das guten Umsatz verspricht – die Cashcow. Die nächsten Fragen an Herrn Hinrichsen lauten:

- Können Sie ohne langes Nachdenken die Cashcow Ihres Portfolios benennen?
- Vergleichen Sie bitte anhand der Kometengrafik: Steht die Cashcow im Zentrum Ihres Tuns oder kommt sie erst weiter hinten?
- Stimmt das Verhältnis zwischen Arbeitsfreude und Honorar oder tut sich da etwa gerade ein Konflikt auf?
- Oder fehlt Ihnen so ein lukratives Produkt etwa ganz?
- Haben Sie eine Idee, was Sie zu Ihrer ganz persönlichen Cashcow machen könnten?
- Wo ist das Verhältnis Spaßfaktor zu Ertrag am stimmigsten?

Hein Hinrichsen erwählt für sein Akquiseprojekt sein Lieblingsseminar, ein Führungs- und Kommunikationstraining für Young Professionals. Das hat er auf Wunsch eines Kunden entwickelt, die Durchführung macht ihm große Freude und außerdem konnte er ein außergewöhnlich gutes Honorar erzielen. Davon mehr, das würde ihm schon gefallen. Das gut funktionierende Seminarkonzept möchte er also jetzt an andere Firmen verkaufen und dafür muss dieses Produkt nun „telefontauglich" vorbereitet werden. Es kann auch vokommen, dass Sie gezielt eine Leistung bewerben möchten, die vielleicht eher untypisch für Ihr sonstiges Anbieterprofil wirkt. Wie Sie hier eine überzeugende Einheit herstellen, erfahren Sie auf S. 104.

Tue Gutes und sprich darüber: Aber bitte kurz & prägnant

Positiv über die eigene Arbeit zu berichten, fällt den meisten leicht. Das aber auch in der gebotenen Kürze und Prägnanz zu tun, ist schon eine andere Sache. Da passiert oft das: Eimer Worte über'n Kopf!

Zu viele Details schrecken am Anfang ab.

Wie die meisten in der Telefonakquise ungeübten Anbieter denkt Herr Hinrichsen, dass es dabei darauf ankommt, möglichst viele Details der Leistung zu präsentieren. Das ist eine fatale Fehlannahme! Sie führt dazu, dass Telefon-Ungeübte zu früh, zu viel und zu lang über das reden, was sie an den Mann oder die Frau bringen wollen. Im schlimmsten Fall sind sie bei ihrem Anruf auch noch nervös und ... reden sich um Kopf und Kragen.

Menschlich ist das verständlich. Doch was passiert am anderen Ende der Leitung? Der Angerufene fühlt sich, als würde ihm ein Eimer Worte über den Kopf gegossen. „Oh Gott", denkt er. „Schon wieder so einer, der mir langatmig etwas verkaufen will!" Und rumms! fällt die Klappe. Die Jalousien sind geschlossen, die Chance vertan. Der Angerufene überlegt nur noch, wie er den lästigen Anrufer am schnellsten wieder loswird.

... Erinnern Sie sich an den Kategorischen Imperativ? ☺

Zuerst kommt die Beziehung, dann das Fachliche.

Im Gegensatz zum verbreiteten Glauben besteht ein guter Erstkontakt zu einem wesentlichen Teil darin, eine Beziehung herzustellen. Am Anfang steht der Small Talk, das unersetzliche Aufeinandereinstimmen oder „Kalibrieren", wie die NLP'ler sagen. Erst dann kommt das Fachliche und erst zum Schluss das Unterbreiten Ihres Leistungsangebots – Letzteres holzschnittartig reduziert, sodass Ihr Gesprächspartner die Chance hat, das große Ganze zu erkennen. Fragt er nach weiteren Details, haben Sie Ihre Sache gut gemacht. Nachfragen sind für Sie das sichere Signal: Er hat Interesse und will mehr erfahren.

Verkürzen – verknappen – verdichten → Verstehen – Verständnis – Einverständnis

Die Aufgabe von Marketing und Vertrieb besteht zu einem wesentlichen Teil darin, komplexe Sachverhalte einfach darzustellen. Die gängigen Verfahren heißen: verkürzen – verknappen – verdichten. Von Friedemann Schulz von Thun stammt das dreistufige Modell Verstehen – Verständnis – Einverständnis. Trainer und Coachs benutzen in ihren Lehrmethoden auch häufig die Verkürzung und Verdichtung bestimmter Sachverhalte, um den Teilnehmern oder Coachees das Verstehen zu erleichtern. Und wer verstanden hat, kann schließlich auch einverstanden sein. Ihr Kunde hat so die Chance zu lernen und zu verstehen, was Sie ihm anbieten.

Je klarer und einfacher Ihre Erläuterung, desto eher ist Zustimmung Ihres Gegenübers zu erwarten.

Was ist der entscheidende Dreh?

Die nächste Frage an Herrn Hinrichsen lautet: „Was ist denn der *entscheidende Dreh* bei Ihrem Seminar? Gibt es ein besonderes Merkmal, das es auszeichnet? Eine deutliche Unterscheidung zu anderen, ähnlichen Trainings?" Ja, die gibt es nach seiner Meinung sehr wohl: Wegen der jungen, agilen Zielgruppe hat er besonders viele Übungen eingebaut, im Fachjargon sagt man: Es ist teilnehmeraktiv.

(Zu) oft gehörte Klassiker

Aha. Die Antwort höre ich fast jedes Mal. Und das geht auch den Personalern so, die täglich Seminare angeboten bekommen. Noch häufiger taucht wahrscheinlich nur noch der Begriff „maßgeschneidert" auf. Gewisse „Buzzwords" fallen da natürlich immer wieder: „Unsere Seminare sind nachhaltig" ist zum Beispiel so ein Klassiker, bei dem die potenziellen Kunden gerne schon mal mit den Augen rollen. Dabei handelt es sich doch um Selbstverständlichkeiten, die nicht unbedingt der Erwähnung bedürfen sollten, oder?

Das kann es also noch nicht sein. Genauer nachgefragt kristallisiert sich heraus: Der Charme und Erfolg des Trainings liegt darin, dass Hein Hinrichsen von Beginn an *Lerngruppen* bilden lässt. So begreifen sich die Teilnehmer schnell als Team und beginnen schon im Seminar eine Art *kollegialer Beratung*.

Die Lerngruppen reichen weit über das Training hinaus und initiieren eine alltagstaugliche Feedback- und Verbesserungsschleife, die überdies auch noch das Engagement und Wir-Gefühl fördert. Die Teilnehmer fühlen sich bei ihrem Ehrgeiz gepackt, weil sie trotz allem auch im Wettbewerb zueinander stehen. Das Prinzip, erklärt Herr Hinrichsen, hat er dem *Leistungssport* entlehnt. Auch dort muss die Mannschaft als Team funktionieren. Doch sie ist stets so organisiert, dass einer auf der Bank sitzt und auf seine nächste Spielchance lauert.

Das spricht zu mir, das kann ich verstehen. Das könnte er am Telefon etwa so präsentieren:

> „Ich möchte Ihnen einen zweitägigen Führungsworkshop für Ihre Young Professionals ans Herz legen. In dem lernen die Teilnehmer das Essenzielle über Führung und Kommunikation in internationalen Großprojekten. Das Besondere ist, dass wir von Anfang an die kollegiale Beratung als gute Gewohnheit etablieren. Das stärkt den Teamgeist und formt eine tatkräftige Führungsmannschaft."

Jetzt könnten Sie zu Recht fragen: Warum plötzlich Workshop? Meiner Meinung nach sind die Grenzen zwischen den klassischen Lehrmethoden fließend: Ob es sich um ein Seminar, ein Training, eine Schulung oder einen Workshop handelt – wer will das genau unterscheiden? Meiner Erfahrung nach assoziieren die meisten Personaler mit Schulung eine eher passive Wissensvermittlung, während Workshops mit lebendigen, bewegten und teilnehmeraktiven Formaten für Strategie- oder Verhaltensentwicklung in Verbindung gebracht werden. Mit dem Begriff „Workshop" bringt Herr Hinrichsen seinen Gesprächspartner ohne große Extraworte auf die richtige Spur. Dies ist ein Erfahrungswert und in letzter Konsequenz ohne Gewähr. Eine allgemeingültige und verbindliche Definition gibt es leider nicht.

Eine Hilfestellung, um Ihr Produkt telefontauglich zu machen

Ein Weg, der Sie weiterführt, ist es, das Angebot zuerst so genau wie möglich – und damit länger! – zu beschreiben, um es dann wieder zu verkürzen. Diese Übung finden Sie auch als Arbeitsblatt unter den Download-Ressourcen.

1. Arbeiten Sie bitte aus einer Ihrer Leistungen – am besten aus Ihrer Kernleistung – alle Merkmale heraus, die Ihnen dazu einfallen. Was sind die Eigenschaften? Zum Beispiel:

Die Eigenschaften Ihrer Leistung

- Was ist das erklärte Ziel Ihres Tuns?
- Die Dauer Ihrer Leistung?
- Der Austragungsort?
- Gibt es eine spezielle Methode?
- Wer sind die Kunden bzw. hier auch: Nutznießer Ihrer Leistung?
- Was kostet Ihre Leistung?
- Wovon hängt die Erbringung ab? (Zum Beispiel ist GeoCaching bei sehr schlechtem Winterwetter keine so gute Idee)
- Wobei werden die Kunden/Nutznießer besonderen Spaß haben?
- Wo sind Aha-Erlebnisse zu erwarten?
- Was genau ist Ihre Rolle dabei?
- Wo verbergen sich unter Umständen Tücken? Welche?
- Welche Merkmale gibt es noch?

Ein ergänzender Hinweis: Merkmale oder Eigenschaften sind eindeutig beschreibbar, zählbar, messbar, nachweisbar, überprüfbar (und daher nicht mit Nutzen zu verwechseln, vgl. dazu auch S. 93 f.).

2. Nehmen Sie nun eine Bewertung vor: Definieren und markieren Sie die drei relevantesten Merkmale Ihrer Leistung. Die relevantesten sind die, die Ihr Kunde unbedingt kennen muss, damit er eine fundierte Kaufentscheidung treffen kann. Er braucht sie, um Ihre Leistung mit denen anderer Anbieter vergleichen zu können und damit werden sie zu den erfolgskritischsten Merkmalen.

Relevante Merkmale Ihrer Leistung

Beispiel: Wenn Ihre Leistung ein High-Potential-Training ist, Sie die Methode als mit am wichtigsten erachten und NLP Ihre bevorzugte Methode ist, legt Ihr potenzieller Kunde darauf auch seinen Entscheidungsfokus: Möchte ich, dass meine Nachwuchsmannschaft nach NLP-Kriterien geschult wird? Spielt für Sie die Methode aber nur eine untergeordnete Rolle, könnte sich – auch wenn Sie ebenso mit NLP arbeiten – das gleiche Szenario gänzlich anders darstellen lassen und sich die Kundenentscheidung anders abspielen.

3. Stellen Sie nun für eine fokussierte Außenpräsentation Ihre drei elementaren Leistungsmerkmale zu möglichst kurzen, einfachen und sinnvollen Sätzen zusammen.

Die drei elementarsten Merkmale

Falls Sie Probleme haben, kurze und einfache Sätze zu bilden, etwa weil Sie einen Wust aus Fremdworten und Fachjargon zu zähmen haben, gibt es ein probates Mittel. Es hilft Ihnen, die Produktbeschreibung zu vereinfachen:

Wie würden Sie es einem zehnjährigen Kind erklären?

Auf eine klare Alltagssprache achten

Bedenken Sie: Der Angerufene am Telefon kann nichts sehen, nur hören. Zugleich sind wir darauf angewiesen, ihn im Dialog förmlich zu fesseln – er soll ja bei uns bleiben und zwar praktisch am Hörer wie auch im übertragenen Sinne mit seiner Aufmerksamkeit. Das gelingt uns mit einer schlichten, klaren Alltagssprache viel besser als mit geschraubten Formulierungen und vielen Fremdwörtern.

Think!

- Was ist der Wesenskern Ihrer Leistung?
- Falls Ihnen das schwerfällt: Unterstreichen Sie aus Ihren Leistungsbeschreibungen– oder aus anderen x-beliebigen – mit einem Marker alle relevanten Merkmale und stellen Sie sie zu möglichst kurzen, einfachen und sinnvollen Sätzen zusammen.
- Und dann fragen Sie ein Kind aus Ihrer Nachbarschaft. Haben Sie keine Angst, zu einfach zu werden: Angeblich ist das Sprachniveau der Tagesschau für 14-Jährige angepasst.

Wie Sie weiter an der Darstellung Ihres Produktes im konkreten Telefongespräch feilen, erfahren Sie auf S. 93 f. Hier lernen Sie das „EVN-Modell" kennen. Mit dessen Hilfe eröffnen Sie das eigentliche Gespräch über Ihre Leistung, indem Sie zunächst nur das für Ihren Gesprächspartner absolut Wesentliche Ihres Angebots nennen: Eigenschaft, Vorteil und Nutzen.

Ganz schön aufwendig? Ja, das stimmt. Aber bedenken Sie, dass wir damit später, in der eigentlichen Akquise, so auf den Punkt formulieren können, dass wir sicher und souverän wirken und außerdem Rücksicht nehmen auf die Zeit unseres Gesprächspartners – und unserer eigene: Gut erklärt ist schnell und gut verstanden und was gut verstanden ist, ist schnell entschieden. Dabei hilft noch ein weiteres wichtiges Werkzeug.

Zaubern Sie Bilder in die Köpfe Ihrer Kunden!

Gelungene Sprachbilder sind in der Telefonakquise Gold wert, denn das Telefon schränkt unsere Kommunikation insofern ein, als uns nur der auditive Kanal bleibt. Bilder sind hier wahrhaft starke Botschafter! Bei starken Bildern können wir davon ausgehen, dass sie den visuellen Rapport ersetzen, weil unser Gegenüber bei dem gleichen Bild auf einen ähnlichen Erfahrungsbackground zurückgreift wie wir. Das sorgt für Verstandenwerden, ohne dass man einander ins Gesicht sehen muss.

Der viel bedeutendere Vorteil aber ist, dass Bilder unmittelbare Emotionen auslösen. Damit gelingt uns auch in der verbalen Kommunikation ein sehr direkter Draht zum Kunden, wir erreichen ihn auf einer menschlichen Ebene und wenn wir hier einen guten Job machen, haben wir seine geneigte Aufmerksamkeit.

Wie projizieren Sie nun diese Bilder in den Kopf Ihres Zuhörers? Ganz einfach, durch Analogien und Metaphern. Und wie geht das? Die Zauberformel ist im Grunde auch hier ganz simpel und heißt „...das ist wie ...". Damit suchen Sie nach Beispielen aus der sinnlich erfahrbaren Alltagswelt. Das fokussiert und verstärkt Ihre Botschaft am Telefon fast genau so, wie ein Schauspieler auf der Bühne Elemente überzeichnet, um bei den Zuhörern gezielt den gewünschten Eindruck hervorzurufen. Merken Sie, was ich gerade gemacht habe? Genau das. Ich habe mit einer Metapher gearbeitet, um Ihnen möglichst knapp und präzise mein Anliegen zu verdeutlichen.

Herr Hinrichsen hat ja auch gleich ein schönes Bild geliefert, das man am Telefon wunderbar verwenden kann: Die Fußballmannschaft. Schauen Sie mal:

> „Ich möchte Ihnen einen zweitägigen Führungsworkshop für Ihre Young Professionals ans Herz legen. In dem lernen die Teilnehmer das Essenzielle über Führung und Kommunikation in internationalen Großprojekten. Das Besondere ist, dass sie in kollegialen Beratungen zum tatkräftigen Führungszirkel zusammenwachsen, weil sie wie eine Profi-Fußballmannschaft agieren: bedingungsloses Teamwork zum gemeinsamen Ziel – mit einem gesunden Schuss Competition."

Tipp!

Gute Bilder zu finden, ist oft nicht ganz einfach. Deshalb finden Sie hier ein paar Beispiele. Lassen Sie sich inspirieren!

- Coaching für Senior-Führung: Letzter Feinschliff für die Chef-Chefs, die schon alles kennen und können – oder das zumindest glauben.
- Outdoor-Training: Mit unseren Outdoor-Trainings pusten wir frischen Wind in Ihre Teams!
- Verkaufsförderung: Vertreiben kommt von Vertrieb – und wenn ich mit Ihrer Vertriebsmannschaft gearbeitet habe, sind sie überzeugte Umsatz-Triebtäter (nur wer's mag … ☺).
- Zeit- und Selbstmanagement: Ich bin Ihr Retter in der Zeitnot. Ich kümmere mich darum, dass es in Ihrer Arbeitsorganisation wie geschmiert läuft … oder: … dass alle zur rechten Zeit genug vom Guten tun, damit es läuft.

04

Warum? – Bauen Sie eine Brücke

Wer **mit der Lupe auf den Wunschkunden** schaut, kennt seine Zielgruppe besser.

Am anderen Ende sitzt der einzelne Mensch: Erfahren Sie, mit wem Sie **am anderen Ende der Leitung** rechnen können.

Bei Ihrer Navigation zwischen all den möglichen Kontakten hilft Ihnen ein systematisches Kundendossier, **die guten ins Töpfchen** zu sortieren.

Und nicht zuletzt: **Nehmen Sie sich ein Beispiel an Alfredo** und sprechen Sie gezielt Ihre Wunschkunden an.

Mit der Lupe auf den Wunschkunden

Welcher Kunde passt zu Ihnen?

Den dritten Schlüsselaspekt, den Wunschkunden, haben wir uns bis zum Schluss aufgespart. Erfahrungsgemäß ist die Frage nach dem passenden Kunden die schwierigste. Marketing und Vertrieb machen hier einen kleinen, aber wichtigen Unterschied.

„Zielgruppe" bedeutet: „One to many."

Im Marketing ist vieles im Umbruch, herkömmlich spricht man hier jedoch von der Zielgruppe, die man mit einem Angebot erreichen möchte. Gemeint ist damit eine mehr oder minder große und amorphe Gruppe von Menschen oder Firmen, die man mittels bestimmter Merkmale eingrenzt. Das ist ein nützlicher Fokus, wenn man eine Website machen möchte oder eine größere Marketingaktion plant. Eine anderer Fachbezeichnung dafür ist „one to many", also ein Anbieter adressiert viele potenzielle Kunden. Es leuchtet ein, dass man sich da nicht um jeden Einzelnen kümmern kann, sondern mit generalisierten Annahmen arbeitet – in der Hoffnung, dass die Zielgruppe möglichst kongruent ist und man möglichst viele der „many" erreicht und positiv aktivieren kann. „Gefühlt" bleibt die Zielgruppe aber anonym und distanziert und eignet sich daher nicht für vertriebliche Überlegungen.

„Wunschkunde" bedeutet: „One to one."

Im Vertrieb fokussieren wir sehr wohl auf einzelne Menschen bzw. Unternehmen, die Wunschkunden eben, oder auch „one to one". Ein Kauf findet am Ende immer zwischen dem Anbieter und einem Kunden statt.

> Befragt nach seinem Wunschkunden, ist Hein Hinrichsen wie viele erst mal ratlos. „Ich habe Firmenkunden aus allen Branchen, von der Bank bis zum Bauernverband. Alle Größen, quer durch die Republik, vom kleinen Mittelständler bis zum Großkonzern ist alles dabei – und Einzelunternehmer berate ich ja auch. Man könnte sagen, meine Kunden sind ‚quer durch den Gemüsegarten' und ich könnte da beim besten Willen jetzt keinen Schwerpunkt benennen."

Der Grund für diese absolut korrekte Einschätzung ist einfach: „Breitbandprofis" wie unser Herr Hinrichsen können nicht nur alles, sie sind auch universell einsetzbar. Tatsächlich können sie alles *überall*. „Erschwerend" kommt hinzu, dass Herr Hinrichsen ständig weiterempfohlen wird – eben weil er einen guten Job macht. Und Empfehlungen gehen nun einmal quer durch die Wirtschaft. Wenn ein Geschäftsführer einem Geschäftsfreund einen Berater empfiehlt, dann spielt die Branche des Geschäftsfreundes eine untergeordnete Rolle. Daraus resultiert für den Berater über die Jahre ein buntes Sammelsurium, das ihm in der Vielfalt seiner Aufträge sicher sehr entgegenkommt, aber eben noch nicht mal mehr ansatzweise zielgruppenspezifisch eingegrenzt werden kann.

Die Flexibilität hat Vorteile, doch sie kann auch zum Nachteil werden, wie jetzt, wenn jemand wie Herr Hinrichsen gezielt neue Kunden ansprechen will. Die schillernde Vielfalt eines Anbieters verwirrt einen Neukunden und lässt diesen ratlos zurück: Wofür steht der Berater? Welche Aufgabe darf ich ihm vertrauensvoll in die Hand geben?

Das Wunschkunden-Backrezept

Auch bei gemischter Kundschaft lassen sich Wunschkunden finden.

Bei genauer Betrachtung finden sich jedoch immer gemeinsame Merkmale, sogar in einer scheinbar noch so bunt gemischten Kundschaft. Dazu picken wir jetzt die Kunden heraus, mit denen Ihnen die Arbeit am *meisten* Spaß macht! Einen Kunden, von dem Sie sagen: „Super, davon bitte zehn Aufträge mehr im Jahr und ich bin nicht nur saniert, sondern auch total happy!"

Der Fokuswechsel weg vom Kunden hin zum persönlichen Spaßfaktor bei der Arbeit erweist sich meist als hilfreiches Instrument – gerade bei gestandenen Trainerpersönlichkeiten, die sich allein über Empfehlungen über Jahre am Markt behaupten konnten.

Für Trainer, Coachs und Berater, die noch nicht so lange im Geschäft sind, funktioniert es aber genauso gut. Die spielen in ihrer Fantasie dei Frage durch: „Wenn Sie sich einen absoluten Lieblingskunden backen könnten, wie wäre der?" Da sprudelt es meist sofort, denn im Grunde hat jeder eine genaue Vorstellung, wie sein Lieblingskunde beschaffen sein müsste, für den man als Anbieter seine Leistung ja überhaupt erst kreiert hat.

> Hein Hinrichsen schildert seine Wunschkunden so: „Na, das ist einfach: Ich arbeite fast immer mit Firmen, die in Sachen Mitarbeiterbetreuung eh schon sehr gut aufgestellt sind. Die haben die Nase überhaupt in vielem vorn und ich würde sie als sehr innovativ bezeichnen. Andererseits haben die auch so eine gewisse Arroganz – ein Wald- und Wiesenberater hätte da gar keine Chance."

Aha? Das ist eine interessante Gemeinsamkeit, der auf die Spur zu kommen lohnenswert scheint. Einige Fragen führen hier weiter in die Tiefe:

- Wo genau haben Ihre Kunden denn die Nase vorn?
- Haben Sie eine Idee, warum das so ist?
- Was hat das mit Ihnen zu tun?

Vertiefende Fragen und Antworten arbeiten heraus, dass Herr Hinrichsen am besten bei den Branchenprimussen aufgehoben ist. Ihnen allen ist gemeinsam, dass sie auch in Sachen PE/OE einen gewissen Pionierstatus innehaben. Gleichzeitig ist das Merkmal, das er spontan als „Arroganz“ bezeichnet, auch als besonderes Qualitätsverständnis zu interpretieren. Es zieht sich durch deren ganze Unternehmens-DNA und findet sich bei der Auswahl und Pflege der Mitarbeiter ebenso wie in der Güte der verwendeten Zulieferprodukte – und eben auch in der Wahl der Berater. Zugleich ist es auch ein passender Hinweis darauf, dass Hein Hinrichsen in aller Regel gute Honorare erzielt – und das soll tunlichst auch so bleiben.

Wunschkunden als Ansatzpunkt für die Vermarktung

Also drängt es sich förmlich auf, diese Gruppe von Wunschkunden in sämtlichen Vertriebs- und Marketingaktivitäten gezielt anzugehen. Die werden – selbstredend – ab sofort so konzipiert, dass sie speziell diese Firmen erreichen und ansprechen. Nun zeichnet sich deutlich ein erster Ansatzpunkt ab, in welche Richtung die zukünftige Vermarktung für Herrn Hinrichsen geht.

Für andere Anbieter sieht der ideale Kunde ganz anders aus. Mal sind die Merkmale eher zahlen- und faktenlastig, was die Vorabrecherche oft erleichtert. In anderen Fällen eher „weich“, sodass die Suche etwas aufwendiger wird. Zum Beispiel erinnere ich mich gut an einen Berater, der sich auf die junge gehobene, „hippe“ Hotellerie spezialisiert hatte. Da geht natürlich nichts mit einer simplen Datenbankabfrage, sondern er muss sich die Mühe einer individuellen Inaugenscheinnahme der Website jedes Hotels unterziehen, um festzustellen, ob es passt. Am Ende findet sich aber für jeden die richtige Kombination aus Merkmalen, um aktiv auf die Kundenpirsch gehen zu können. Weitere Beispiele für Merkmalskategorien finden Sie auf S. 56 sowie auf dem Arbeitsblatt „Merkmale von Wunschkunden“ in den Download-Ressourcen.

Nun ist dies das eine, was Sie sich als Anbieter wünschen (Sie wissen schon: Der himmlische Jahrmarkt ☺). Das andere ist aber, ob Wunsch und Wirklichkeit zusammenpassen.

Von Herdentrieb und Stallgeruch

Nur für den Fall, dass Sie jetzt mit Blick auf Herrn Hinrichsen denken: „Ach, so einfach ist das! Dann stürze ich mich eben ab sofort auch einfach auf die Primusse – schließlich bin ich genauso erfahren und ein ordentliches Honorar habe ich ebenso verdient." Tja, wenn es so einfach wäre! Man sagt ja nicht umsonst, dass Topf und Deckel immer zueinander finden. Die Frage lautet also: Was haben Sie mit Ihren Wunschkunden zu tun, wo sind Sie Ihnen ähnlich? Haben Sie darauf keine fundierte Antwort, fehlt Ihnen einfach die Legitimation.

Wenn jedoch die Chemie stimmt, fügt es sich immer. Das ist kein Zufall, sondern ein soziologisches Grundmuster: Wir haben es mit dem uns innewohnenden Herdentrieb zu tun, mit sozialen Zusammengehörigkeitssignalen. Da die Mitglieder einer Herde sich stets überall (am Geruch) wiedererkennen, nennt man es „Nasenfaktor" oder – despektierlicher – Stallgeruch ☺.

Der „Nasenfaktor" zählt.

Hein Hinrichsen kommt bei seinen Wunschkunden so gut an, weil er in die gleiche Welt gehört wie sie. Dies drückt sich in seiner eleganten, zum Teil maßgeschneiderten Kleidung ebenso aus wie in seinen vollendeten Manieren. Ein Flugzeug zu besteigen ist für ihn so selbstverständlich wie für andere das Busfahren. All diese kleinen Zeichen weisen ihn als zugehörig zu einer bestimmten Herde aus. Ein solcher Abgleich durch den Kunden findet unbewusst statt. Wenn Sie einmal darauf achten, werden auch Sie den inneren Instinkt bemerken, der Ihnen zuflüstert, ob einer zu Ihrer Herde gehört oder nicht.

Weil derartige soziologische Bindungen verblüffend gut funktionieren, lassen sie sich in einen simplen Tipp gießen: Dort, wo Sie sich als Anbieter hingezogen fühlen, werden Sie Ihre Kunden finden. Die Bezugsgröße muss nicht zwingend ein Businesskontext sein. Auch Sport, Hobbys oder Ehrenämter geben Hinweise. Oder: Mit wem kommen Sie „zufällig" ins Gespräch – etwa auf einer Bahnreise? Es gibt ja bekanntlich keine Zufälle. Die Auswahl der Kunden entlang der eigenen Persönlichkeit ermöglicht einen emotionalen Schulterschluss, lange bevor sich Kunde und Anbieter überhaupt über den Weg laufen. Diese Nähe auch für den Vertrieb nutzbar zu machen, ist nur logisch und konsequent.

Think!

Meine Kooperationspartnerin Kerstin Boll hat zu diesem Phänomen eine schöne Methode entwickelt. Sie bittet ihren Kunden, seine Wunschkunden mit ihr sorgfältig einzukreisen:

- Mit welchen Beweggründen sind Ihre bisherigen (Lieblings-) Kunden zu Ihnen gekommen? Was haben sie wörtlich gesagt?
- Wer ist Ihr Lieblingskunde mit Blick auf seinen Lebensstil? Zur Anregung: Geschlecht, Alter, Ausbildung, regionale Herkunft, Interessen, Statussymbole (Auto, Haus, Kleidung)?
- Was ist er für ein Typ: Würde man ihn eher am Samstag auf dem Biomarkt treffen, auf einer Vernissage, im Opernhaus, beim Pferderennen oder wo sonst?
- Wie schätzen Sie ihn ein: Würden Sie ihn als Zahlenmensch beschreiben, als Managertyp, als Mensch der Erlebnis und Anregung braucht oder als konservativ? Auf welches Temperament treffen Sie bei Ihren Kunden? Zu welchen Menschen haben Sie persönlich den stärksten Zug?

Quelle: Kerstin Boll, quivendo Trainermarketing

Die Position am anderen Ende

Über Strippenzieher, „NINAs“ und andere Wunschkunden-akteure am Telefon.

Bei der Suche nach Ihren Wunschkunden haben Sie nun einen Zoomvorgang erfolgreich absolviert: Von der Zielgruppe (amorphe Masse) hin zum Wunschkunden (konkrete Firmen). Nun der zweite: Wenn Sie wissen, welche Unternehmen oder Organisationen Sie ansprechen, gilt es nun, noch näher heranzuzoomen, nämlich direkt in Ihr Wunschunternehmen hinein.

Weiter vorne wurde postuliert, dass Verkauf stets von einem Menschen zum anderen stattfindet. Diesem Grundsatz werden wir nun gerecht, indem wir uns innerhalb der Organisation passende Funktionsträger suchen, also konkrete Menschen in von uns präferierten Positionen, mit denen wir reden können. Klassisch denken wir im Bereich Bildung und Beratung natürlich zunächst an Personaler sowie an Fachverantwortliche wie Vertriebs- oder Projektleiter, an andere mit eigenem Budget ausgestattete Funktionsträger oder an die „oberste Heeresleitung“ in Person von Geschäftsführern und Vorständen. Mit wem Sie vorzugsweise reden, hängt nicht zuletzt von Ihrer Anbieterpersönlichkeit ab (Stallgeruch!) und davon, wie Ihr Leistungsportfolio zugeschnitten ist. Wie Sie bei der Wahl des Ansprechpartners konkret vorgehen können, erfahren Sie in der Download-Ressource „Ansprechpartner-Recherche“.

Die Luft wird oben dünner

Reden *wollen* ist leider nicht immer gleichbedeutend mit reden *können*. Die Praxis schlägt Ihnen spätestens dann ein Schnippchen, wenn Sie versuchen, einen Vorstand anzurufen. Dass die Luft oben dünner wird, merken Sie eben auch daran, dass man Sie partout nicht zu ihm vorlässt, damit Sie ihm Ihren neuen Restrukturierungsansatz präsentieren können. Dabei wissen Sie in dem Moment genau: Wenn Sie mit dem Falschen sprechen, bringt es Ihnen gar nichts – vor allem keinen Auftrag. Also brauchen Sie einen gangbaren „Marsch durch die Institutionen“, der Sie am Ende möglichst sicher ans Ziel führt. Klar, die Praxis ist komplex und wie im richtigen Leben begegnen Ihnen auch in der Telefonakquise die gesamten Spielarten in allen Farben und Formen. Um Sie aber vor unnötigen Umwegen zu bewahren, lassen Sie uns schlaglichtartig drei der wichtigsten Varianten aufgreifen:

1. NINA-Alarm!

NINA steht für „no influence, no authority". Den Begriff hat einer meiner Kunden geprägt und meint damit alle Personen ohne jegliche Entscheidungsbefugnis, die Ihnen im Verkaufsprozess begegnen. (Danke, Herr B.!). Mit solchen Personen bekommen Sie es früher oder später sicher zu tun und sollten sich innerlich darauf warmlaufen. NINAs sind nicht, wie das Akronym vermuten lässt, zwangsläufig weiblich. Meist handelt es sich dabei um junge, hoch motivierte – aber eben noch recht unerfahrene Youngsters frisch von der Uni. Sie werden (ganz zu Recht übrigens) gern als „Vorhut" losgeschickt, um Angebote einzuholen und Anbieter vorzutesten. Sie erkennen sie meistens daran, dass sie Ihre Fragen nur unzureichend beantworten können und keine vertiefte Erfahrung und Marktkenntnis mitbringen. Mit Entscheidungen – das merken Sie selbst sehr schnell – ist von NINAs nicht zu rechnen und wenn Sie selbst ein Senior sind, verunsichern Sie diese Leute auch schnell mal.

Das ist ganz anders bei der zweiten Gruppe der NINAs, die als Falle gefährlicher sind: Es sind die „Weggelobten", die im Unternehmen altgedient und damit praktisch unkündbar sind, zur Wertschöpfung aber nicht mehr hinreichend beitragen. Sie werden an eine unschädliche Stelle ohne nennenswerte Kompetenzen (z. B. Budget) gesetzt und erhalten dort ihr Gnadenbrot. Gefährlich sind sie für Sie deshalb, weil Sie sie nicht so leicht erkennen können wie ihre jungen Kollegen. Diese Senior-NINAs parlieren nämlich mit Ihnen ohne Probleme auf Augenhöhe und sind vermeintlich auf der Suche nach passenden Anbietern für große Projekte, die sie Ihnen auch in blumigen Worten ausmalen – die jedoch niemals stattfinden. Die Musik spielt nämlich ganz woanders im Unternehmen und oft entdecken Sie leider erst geraume Zeit und etliche Angebote später, dass Sie einer Hinhaltetaktik aufgesessen sind.

Wie Sie von den NINAs wegkommen

Was ist zu tun mit den NINAs? Finden Sie heraus, mit wem Sie wirklich reden müssen! Das kann oft eine ganz einfache, gezielte Frage schon zu Beginn des Kontakts sein: Wer entscheidet in diesem Projekt, wer zeichnet das Budget frei, wer muss noch mit an den Tisch?

In manchen Fällen kann man das nicht ganz so rundheraus fragen. Dann hilft es, sich auf die NINA-Seite zu schlagen: Was brauchen Sie, um eine gute Entscheidungsgrundlage für Ihre Vorgesetzten vorbereiten zu können? Wie sollte die denn aussehen? Eine Präsentation? Kann ich Sie dabei mit meinem Material unterstützen? Schließlich ist ja mir daran gelegen, den

Auftrag zu bekommen und da kann ich Ihnen gern meine sorgfältig aufgeschlüsselten Argumente zur Verfügung stellen.

2. Schmidtchen statt Schmidt

Ein bisschen vom Verhalten der NINAs steckt auch in Schmidtchen, aber es gibt einen bedeutsamen Unterschied: Schmidtchen bekleidet unter Umständen eine wichtig klingende Funktion und füllt sie auch aus, sodass Sie erst mit der Zeit herausfinden, dass auch er wie NINA immer erst Rücksprache halten muss, ehe eine Entscheidung fällt oder nur der nächste Prozessschritt beginnt. Die „...chen"-Grenzen verschwimmen zudem oft und wo die Kompetenz des einen endet und die des anderen beginnt, ist mitnichten sonnenklar – oft auch den beiden Protagonisten nicht.

Das wäre halb so wild, ergäbe sich daraus nicht das für Ihre Kunden oft willkommene Verhaltensmuster, Sie im Ping-Pong von einem zum anderen zu schicken – und unverrichteter Dinge wieder zurück. Und das womöglich auch hier, ohne jemals ans Ziel zu gelangen. Unschön!

Wie stellen Sie also dieses Hase-und-Igel-Spiel ab? Aus meiner Sicht haben Sie nur eine Chance: Spätestens beim dritten „Pong" sprechen Sie die Sache direkt an, und zwar beim Ranghöheren. Hier hilft auch wieder die direkte, unverblümte Ich-Botschaft: „Herr/Frau, ich stelle fest, dass mir Ihre Zuständigkeiten noch nicht ganz klar sind." (Ggf. konkretes Beispiel beschreiben). „Das löst bei mir die Befürchtung aus, mit meinem Angebot in Leere zu laufen, was ich natürlich vermeiden möchte. Was kann ich tun, damit wir möglichst schnell zu einer gemeinsamen, tragfähigen Entscheidung kommen?"

3. Der Silberrücken im Hintergrund

... ist und bleibt in den meisten Fällen dort, das muss man der Ehrlichkeit halber an dieser Stelle sagen. Dass es ihn gibt, merken Sie daran, dass der Auftragsanbahnungsprozess generell oder an Stellen, an denen Sie nicht damit rechnen, Haken schlägt.

Dennoch: Wenn Sie in der Kontaktanbahnung einen guten Job machen, schaffen Sie es manchmal, ihn aus der Reserve zu locken. Hilfreiche Instrumente dabei sind: Neugierig machen (was ist denn das für eine Type? Den stellen Sie mir bitte nächstes Mal vor, Herr Assistent!). Oder auch mal eine steile These wagen, die das eine oder andere des Kundenunternehmens in Frage stellt. Oder einfach mal an die Vorstandstür klopfen, wenn man schon einen Termin im Hause hatte bzw. den Gesprächspartner um einen kurzen Händedruck mit dem eigentlichen Entscheidungstragenden ersuchen. Entscheidungsträger im Hintergrund werden für Sie später noch einmal besonders relevant, wenn es an die konkrete Angebotserstellung geht (siehe S. 146, „Die ‚Heiligen Drei Könige' bei Ihrem Auftrag").

Die guten ins Töpfchen ...

Wie Sie ein hilfreiches Kundendossier zur sicheren Navigation aufbauen.

Wenn Sie sich einen Gefallen tun wollen, fangen Sie frühzeitig damit an, alle Informationen über Ihre Wunschkunden systematisch zu dokumentieren. So behalten Sie den Überblick und haben jederzeit Zugriff auf alle relevanten Informationen, darunter auch, worüber Sie mit einem Kunden zuletzt gesprochen haben. Auch Ihre Kunden profitieren davon, denn sie sprechen sie auf der richtigen Welle an.

CRM – ja oder nein

Zugegeben, das Thema stresst die meisten sehr. Es ist ziemlich technisch, mühsam zu etablieren und unsexy – kann Ihre Prozessorganisation aber entscheidend verbessern. Für die Organisation Ihrer Kundeninformationen gibt es heute zahlreiche CRM-Systeme, also Customer-Relationship-Management-Systeme oder auf gut Deutsch: Kundenbeziehungspflegesysteme. Über die Jahre sind diese Systeme so weit gereift, dass sie sich auch für Ordnungs- und PC-Muffel gut anfühlen und leicht zu handhaben sind.

Meine CRM-Empfehlung

Etwas mühsamer hingegen ist es, das passende System zu finden, denn der Markt ist unüberschaubar groß. Persönlich habe ich gute Erfahrungen mit Central Station CRM (*www.centralstationcrm.de*) gemacht, das von einem Kölner Team entwickelt wurde. Ich schätze seine einfache Nutzerführung, das schöne Design, den schnellen und verlässlichen Support und nicht zuletzt die Tatsache, dass meine Daten auf deutschen Servern gehostet werden. Die deutschen Datenschutzbestimmungen sind somit erfüllt.

Der Charme eines CRM liegt darin, dass Sie Ihre Kunden in sinnvolle Teil-Zielgruppen clustern und auf die Art Ihre Marketingmaßnahmen passgenau steuern können. Allerdings ist ein CRM stets nur so gut wie es die Pflege durch den Nutzer erlaubt, eine Portion Konsequenz ist unabdingbar. Manche Kunden entscheiden sich gegen ein CRM. Doch spätestens sobald man nicht mehr allein, sondern zu zweit oder zu mehreren kooperiert, erweist sich das allen zugängliche CRM als unschätzbarer Vorteil – bei angemessener Pflege durch alle Beteiligten.

Nach wie vor beliebt ist die Excel-Liste. Es ist möglich mit ihr zu arbeiten, wohl wahr. Doch am Ende ist und bleibt sie ein Tabellenkalkulations-Programm. Excel-Listen stoßen schnell an ihre Grenzen, etwa bei der Terminierung von Wiedervorlagen oder dem Vergeben von Aufgaben.

Dokumentationspflicht und -kür

Nun reden wir zwar die ganze Zeit über Systeme, doch die eigentlich spannende Frage ist, was Sie überhaupt dokumentieren. Auch unser Beispiel Hein Hinrichsen steht vor dieser Frage. Bislang hat er fein säuberlich die Daten von den Visitenkarten oder aus sozialen Netzwerken übertragen – darunter der Name des Kontakts, der Arbeitgeber, Kontaktdaten wie Telefon und E-Mail und andere mehr. Im gleichen Zug hat er durchgängig ein Schlagwort für die Branchenzugehörigkeit angelegt. Das ist gut, denn so können wir auf Knopfdruck die Branchenzusammensetzung seiner Kunden feststellen.

Was die quantitative Datenlage angeht, ist Herr Hinrichsen mit diesem Set an Informationen auf der sicheren Seite. Gemeint sind alle Daten, die eine handelsübliche Datenbank enthält. Hinsichtlich der qualitativen Systematisierung ist noch reichlich Luft nach oben. Der Wunschkundenanalyse folgend wird Herr Hinrichsen also als Nächstes darüber nachdenken, welche Merkmale seinen Kunden gemeinsam sind und diese Daten ergänzen.

Was können solche Merkmale sein? Eines hat er schon: Seine Kunden sind in der Regel Primus ihrer Branchen. Weitere qualitative Gemeinsamkeiten können sein: eine verhältnismäßig lange Dauer der Marktzugehörigkeit, eine klassische Linienorganisation und/oder wachsende Auslandsniederlassungen.

Weitere Gruppierungen ergeben sich im Laufe der Zeit. Wichtig ist der Schulterschluss zwischen Anbieter und Kunden, um eine gezielte Kundenansprache zu ermöglichen. Achten Sie darauf, in Zukunft nur noch solche Kunden in Ihr CRM aufzunehmen, die Ihrem Beuteschema entsprechen. Wenn Sie noch keine ganz genaue Vorstellung von der Unterscheidung quantitativer und qualitativer Daten haben, können Sie sich an der folgenden Liste orientieren.

Elemente für ein konsistentes Kundendossier

1. **Quantitative Recherche**
   Die quantitative Recherche schließt die Zahlen, Daten und Fakten über Ihre Wunschunternehmen ein. Nehmen Sie sich gerne gängige Firmendatenbanken zum Vorbild und listen Sie zum Beispiel auf:

   - Firmenname
   - komplette Adresse inkl. Rufnummer und Website
   - Branche (ev. zusätzlich einen Branchen- oder NACE-Code, wenn Sie damit arbeiten)
   - Tätigkeitsfelder
   - Meilensteine der Unternehmensentwicklung
   - Konzernstruktur: Teil einer Gruppe? Wenn ja, wie ist die Konstellation?
   - Besitzverhältnisse (z. B. im Familienbesitz, Venture Capital, Joint Venture)
   - Auslandsaktivitäten
   - Organigramm
   - Umsatzgröße
   - Anzahl der Mitarbeiter
   - 1–2 konkrete Ansprechpartner, die mit Ihrem Thema möglichst viel zu tun haben

2. **Qualitative Recherche**
   Die qualitative Recherche liefert die für die Akquise entscheidenden Informationen. Zum Beispiel:

   - Passt dieses Unternehmen als Wunschkunde zu mir
   - Was passt hier zusammen und warum, was „kickt" mich
   - Was hat dieser Kunde mit meinem Business zu tun
   - In welcher Situation ist er, für die meine Leistung Nutzen für ihn stiftet
   - Welche Möglichkeiten der Ansprache bieten sich aufgrund dessen für diese Firma an
   - Welche Fragen stelle ich mir, kann sie aber über die Recherche nicht beantworten

Die Information können Sie sich auch als Arbeitsblatt ausdrucken. Unter dem Titel „ Merkmale von Wunschkunden" finden Sie es unter den Download-Ressourcen zum Buch.

Woher die Informationen nehmen?

Diese Informationen finden Sie in keiner Datenbank. Woher nehmen Sie sie also? Schauen Sie sich zuerst den Webauftritt der Unternehmen an. Besonders aufschlussreich sind die Karriereseiten: Sie lassen meist erhellende Rückschlüsse darüber zu, wie das Unternehmen zu HR-Themen steht – auch wenn Sie nicht jedes Wort auf die Goldwaage legen müssen. Ein gutes Stück „Marketingsprech" lässt sich scheinbar nie vermeiden.

Ähnliches gilt für die Presseveröffentlichungen: Was macht das Unternehmen jenseits seines Kerngeschäfts? Womit befasst es sich, wo engagiert es sich, mit wem umgibt es sich? Aus diesen Informationen lässt sich ein guter Eindruck darüber gewinnen, wie das Unternehmen gesehen werden möchte. Im Netz finden Sie darüber hinaus eine Fülle weiterer Quellen: Interviews, Fachpublikationen, Informationsdienste wie Heise, ganz zu schweigen von den zahlreichen sozialen Plattformen wie XING, LinkedIN, facebook, twitter, kununu, Google+ & Co. Überall liegen nützliche Informationsbausteine herum, die die Unternehmens-DNA deutlich zutage treten lassen.

Der Clou für Ihre Legitimation

Erkennen Sie den Dreh? In diesem Schritt bereiten Sie Ihre Legitimation vor! Was Sie sich an qualitativem Wissen vor dem Telefonat über den Kunden aneignen, kommt Ihnen später im Telefonat zugute und macht Ihre Ansprache qualitativ um Klassen besser.

Sie haben sich gründlich mit Ihrem Kunden befasst, um sich ein Bild von ihm zu verschaffen. Wenn alles gut gelaufen ist, haben Sie die eine oder andere Idee entwickelt, welches Projekt Sie gerne mit ihm angehen möchten. Sie haben Hinweise identifiziert, die Ihre Idee stützen. Zugleich sind Fragen offen geblieben. Sehr gut! Sie haben nun die Leitplanken für ein rundherum gelungenes Telefonat beisammen: offen, aufrichtig, zielführend, fachlich profund und menschlich zugewandt. Mit Ihrer umfangreichen Vorbereitung haben Sie einen entscheidenden Qualitätssprung gemacht und unterscheiden sich in Zukunft wohltuend von all den uninspirierten, leitfadengestützten Anrufen, die meine Berufskollegin Martina Bloch ironisch „betreutes Ablesen" nennt.

Handverlesen versus Gießkannenprinzip

„Ist das nicht furchtbar viel Aufwand für eine noch völlig unsichere Sache?", fragen Sie sich. Ihre Liebesmüh könnte sich ja gleich im ersten Telefonat als vergeblich erweisen. Tatsächlich wird sich ein guter Teil Ihrer Mühen als vergeblich herausstellen. Hier gilt es, eine unternehmerische Entscheidung zu treffen. Sie können nach dem Prinzip Gießkanne arbeiten, denn in der Akquise hat das Gesetz der Masse Gültigkeit. Viel hilft viel. In manchen Konstellationen drängt sich eine „quick & dirty"-Ansprache womöglich sogar auf. Folgen Sie Ihrem Impuls etwa dann, wenn Sie in kurzer Zeit viele Interessenten mit einer einfachen Botschaft erreichen wollen wie: „Buchen Sie noch bis 31.05. zum Frühbucherpreis unser XY-Event!" Oder wenn Sie für ein offenes Seminar noch zwei oder drei zusätzliche Teilnehmer gewinnen wollen – sofern der Aufwand für den schnellen Weg sich hier rechnet. Auch da zählt vor allem, dass in möglichst kurzer Zeit möglichst viele potenzielle Teilnehmer von Ihrer „Restplatzregelung" erfahren.

Wollen Sie jedoch den High-End-Sektor ansprechen, dann seien Sie ausdrücklich vor der Massenansprache gewarnt. Wer eine anspruchsvolle Dienstleistung an eine leistungsverwöhnte Klientel im B2B zu vermarkten hat, hat in aller Regel keine einfachen Botschaften zu überbringen. Wie bei Herrn Hinrichsen kommt es hier oft auf die Zwischentöne an – sowohl die, die Sie senden, wie auch Ihre Kompetenz, sie beim Gesprächspartner herauszuhören.

In diesem Fall sollte Ihre Erstansprache ebenso anspruchsvoll und individuell sein wie Ihre spätere Leistung. Mit dem Musterdossier, das Ihnen hier vorgestellt wurde (S. 63), stellen Sie genau dies sicher: Ihre Kundenansprache entspricht vom ersten Moment an der Güte, die Ihre spätere Arbeit haben wird. Das ist Kommunikation vom Feinsten. Ihr Erstkontakt wird zugleich zu Ihrem wichtigsten Qualitätsversprechen.

Nehmen Sie sich ein Beispiel an Alfredo

Warum die Kunst der Selbstvermarktung in der fokussierten Präsentation Ihres Könnens liegt.

Sie haben nun alle drei Schlüsselaspekte erfolgreich bearbeitet – und damit drei wesentliche Klippen auf Ihrem Weg umschifft. Wenn bis hierher all ihre Fragen zur Zufriedenheit beantwortet sind, fühlen sich meine Kunden im Hinblick auf ihren Auftritt als Anbieter aufgeräumt, gesäubert und frisch durchlüftet. Wie nach einem Frühjahrsputz oder einem längst fälligen Haarschnitt. Vielleicht fehlt Ihnen aber noch ein Bild, das klar vor Augen führt, warum Ihre Strecke an diesen drei Klippen vorbeiführen musste. In dem Fall widme ich Ihnen die Alfredo-Metapher.

Die Kunst der Selbstvermarktung liegt in der fokussierten Präsentation Ihres Könnens. Lassen Sie sich von folgendem Beispiel inspirieren: Bei mir um die Ecke gibt es einen italienischen Feinkostladen, den ich sehr liebe. Signore Alfredos Sortiment umfasst etwa 2.000 Produkte – den typischen Querschnitt durch die mediterrane Küche von Oliven, Ölen über Fisch- und Käsespezialitäten bis hin zu ausgesuchten Weinen und Spirituosen. In sein Schaufenster stellt Alfredo aber nur drei Produkte: seine edelste Pastasorte, ein besonders hübsches, teures Glas Bio-Antipasti und eine erlesene Flasche Rotwein.

Jemand, der an gutem Essen kein Interesse hat, würdigt das Schaufenster keines Blickes. Auch geht der vorbei, der in Pasta schlicht Nudeln sieht und für den überhaupt nicht nachvollziehbar ist, dass man mehr als die beim Discounter üblichen zwei Euro ausgeben sollte.

Nur die Augen derer, die in der Nudelsorte sofort die Königin der Pastamarken erkennen, werden magisch angezogen. Noch ein genauerer Blick auf den Roten: Oha, super Barolo! ... und schon betritt dieser Kunde den Laden. Der Signore hinter seiner Theke kann ziemlich sicher sein, dass er jemanden vor sich hat, dem er ganz begeistert seine neueste Mortadella-Entdeckung zum Probieren geben kann und der mit hoher Wahrscheinlichkeit seinen Laden nicht ohne ein dickes italienisches „Care-Paket" verlassen wird.

Dass er dafür auch ordentlich Geld hingeblättert hat, gehört wie selbstverständlich zum Deal und wird weder bezweifelt noch diskutiert. Sie sehen: Eine geschickte Präsentation hat das Zeug dazu, Ihre Wunschkunden anzuziehen und Sie darüber hinaus aus der Honorarfalle zu befreien.

Das Versprechen von Signor Alfredo ist absolute Qualität. „Bei mir kriegst Du nicht einfach nur mediterrane Lebensmittel, sondern ich, Alfredo, habe die besten Spezereien aus meiner Heimat ausgewählt und bringe sie nun zu Dir nach Deutschland." Dieses Versprechen gibt er Ihnen nonverbal quasi im Vorbeigehen. Und glauben Sie mir, Sie glauben es ihm – und betreten den Laden.

Bestücken Sie nun Ihr Schaufenster!

Alfredos Feinkostparadies müssen wir nun (leider! ☺) wieder verlassen, um in unser eigenes Business zurückzukehren, mit einer Aufgabe: Haben Sie eine Idee, was Sie in Ihr eigenes Schaufenster hineinstellen wollen? Was sind Ihre erlesensten Trainings-, Coaching- und Beratungskonzepte?

Ich kann mir vorstellen, dass Sie jetzt Bedenken haben. An dieser Stelle höre ich in meinen Beratungen oft: „Ich weiß zwar, was Sie meinen – aber wie soll das in meinem Markt funktionieren? Ich bin im Grunde ein ganz normaler Wald- und Wiesenberater und in meinem Segment Projektmanagement gibt es Tausende Anbieter! Wie soll ich mich da unterscheiden?"

Stimmt schon, einen echten USP im eigentlichen Wortsinn (*Unique* Selling Proposition) gibt es im Markt von Bildungs- und Beratungsanbietern nicht mehr. Einzigartig kann jemand bei einer geschätzten Grundgesamtheit von allein 80.000 Trainern nicht mehr sein. Jedoch ergibt der *Mix aus Ihren ganz persönlichen Fähigkeiten und Kenntnissen, Ihrer bisherigen Laufbahn und Ihrer Persönlichkeit* in der Summe mehr als die Einzelteile, nämlich Ihre Positionierung. Und für genau diese individuelle Zusammenstellung wie die Ihrige gibt es keinen zweiten Anbieter. Damit werden Sie für bestimmte Kunden besonders attraktiv, während Sie für andere aus dem Pool potenzieller Anbieter herausfallen. Diese Konsequenz nicht zu fürchten, sondern ihr im Gegenteil selbstbewusst entgegenzutreten, heißt, ein glaubwürdiges Anbieterprofil mitzubringen. Ich versichere Ihnen: Allein die Klarheit, die Sie selber damit gewinnen, lohnt es, die Mühe auf sich zu nehmen. Hierzu finden Sie eine Übung in den Download-Ressourcen, bestücken Sie nun Ihr „Schaufenster"!

Ihre ganz persönliche Kombination wirkt als USP.

Für Herrn Hinrichsen hieße das: Sein Barolo ist seine langjährige Erfahrung auf dem gehobenen internationalen Leadership-Parkett, seine Pasta ist sein zweitägiger Führungsworkshop für die High Potentials der Branchenprimusse und sein Glas Bio-Antipasti ist sein förmlich als „ritterlich-edel" zu bezeichnendes Coachingverständnis.

Wir haben nun fein-säuberlich alle Elemente für einen gelungenen Einstieg in ein Kaltakquise-Gespräch zusammengetragen. Nun fehlt nur noch ein entscheidendes Element, das Sie sicher auch für jedes Coachinggespräch als unerlässlich erachten: das Ziel!

05

Ziele für den Erstkontakt und weitere Meilensteine

Lernen Sie die Kaskade von **Etappenzielen** kennen, die Sie zum Auftrag führt.

Ihr gut gepflegtes **Kundendossier trägt Früchte.**

Etappenziele

Der Auftrag baut auf mehreren Etappenzielen im Akquisetelefonat auf.

Klar, das Ziel eines jeden Akquisegesprächs ist der Auftrag. Wir agieren jedoch in einem Business, in dem der Auftrag nur in den seltensten Fällen gleich beim ersten Gespräch erteilt wird. Ich habe es einmal für meine eigene Akquisearbeit hochgerechnet: Mit einer Wahrscheinlichkeit von etwa 1:2.000 gewinne ich *sofort im Erstkontakt* einen Auftrag. In solchen Fällen passt aber auch alles zusammen: Ich spreche zur richtigen Zeit mit dem richtigen Entscheider und der hat akuten Bedarf. Ja, solche Glückstreffer gibt es!

Aber sie sind selten. Gehen wir daher ruhig von all den anderen Gesprächen aus, sie sind der Alltag. Wenn Sie sich mit der Idee anfreunden, dass in unserem Geschäft die Aufträge mehrheitlich über Etappenziele gewonnen werden, erkennen Sie ein System in Form einer Kaskade, das uns dem Auftrag Schritt für Schritt näher bringt – die nötige Konsequenz vorausgesetzt.

Ziele im Erstkontakt

Abgesehen vom Glücksfall eines spontanen Auftrags, verfolgt ein Erstkontakt zwei Ziele:

- Der Gesprächspartner lernt Sie kennen. Er weiß nun, dass es Sie gibt. Dies ist eine Grundbedingung und ein Gewinn, denn ohne das wäre es ihm ja gar nicht möglich, Ihre Leistungen einzukaufen.
- Ihr Gesprächspartner gibt Ihnen in einem spontanen Feedback eine erste Meinung zu Ihrem Angebot ab. Das ist ein sehr entscheidender Vorteil der Telefonakquise: Sie haben sofort erste Ergebnisse.

Sammeln Sie Informationen.

Das erste Ziel erreichen Sie bereits damit, dass Sie Ihren Gesprächspartner ans Telefon bekommen. Mit dem zweiten klappt es meistens auch. Und dann gibt es noch ein drittes Ziel für den Erstkontakt: Generieren Sie aus jedem Telefongespräch so viel Informationen wie möglich.

Weder Sie noch Ihr Gesprächspartner haben unendlich viel Zeit. Und so soll das Telefonat möglichst lohnenswert ausfallen. Im günstigsten Fall haben Sie ohnehin konkrete Fragen aus Ihrer Vorrecherche mitgebracht. Dies und Ihr Etappenziel fest im Blick, gibt Ihnen Halt und Struktur im Gespräch.

Weitere Etappenziele

Typische Etappenziele bzw. Ergebnisse in der Akquise sind:

- ein oder mehrere Namen von für Sie wichtigen Ansprechpartnern
- die Erlaubnis, Ihren Newsletter zu versenden und Kontaktdaten (nur mit dieser Erlaubnis dürfen Sie einen Newsletter versenden, das verlangt das UWG, das Gesetz gegen den unlauteren Wettbewerb)
- ein erster Eindruck, wie das Unternehmen tickt
- eine Einschätzung, ob der Kunde tatsächlich ein Wunschkunde für Sie werden kann und
- das Wissen, ob Sie mit Ihrem Anlass oder Ihrer Annahme richtig lagen

sowie Informationen
- zur aktuellen Unternehmenssituation
- zu dem Interesse, das der Gesprächspartner im Moment an Ihren Leistungen hat
- zur Einschätzung Ihres Gesprächspartners, ob es überhaupt die Chance auf ein gemeinsames Projekt gibt
- darüber, was der Kunde im Kontakt mit Ihnen wann und wie wünscht und braucht

und die Erlaubnis
- Unterlagen zu senden
- zu einer späteren Wiederaufnahme des Kontakts durch Sie
- den Gesprächspartner in Ihren Verteiler aufzunehmen
- ihn zu Veranstaltungen einzuladen

Nicht immer müssen Sie alle Informationen sammeln, denn nicht immer ist alles für Sie nützlich. Auch haben Ihre Gesprächspartner am Telefon nicht immer die korrekten Angaben bei der Hand. Fehler und Falschinformationen sind also möglich. Und schließlich ist ein Telefonat immer eine Momentaufnahme. Ein sicheres Gefühl für Ihren Wunschkunden bekommen Sie aller Wahrscheinlichkeit nach erst, wenn Sie den Kontakt über längere Zeit aufrechterhalten.

Dokumentation hilft Ihnen – jetzt und später.

Auch deshalb sollten Sie möglichst alle Wissenshäppchen, die Sie sammeln, sorgfältig dokumentieren. Denn heute können Sie noch nicht abschätzen, welche Information einmal zum wertvollen Schätzchen im weiteren Kundendialog werden kann. Das Mitschreiben während des Telefonats hat noch ein Gutes: Es bremst und bewahrt Sie davor, sich vor lauter Aufregung um Kopf und Kragen zu reden.

Welche Ziele werden durchschnittlich erreicht

Dabei läuft nicht jeder Kontakt nach dem gleichen Schema ab. Bisweilen braucht es auch einige Zeit, bis Sie einen Schritt weiterkommen. Bei den typischen Pilotprojekten, die üblicherweise den Startschuss in die Zusammenarbeit mit einem neuen Kunden markieren, sieht die Gauß'sche Normalverteilung so aus:

Abb.: Normalverteilung bei einem typischen Akquiseprojekt mit 20 Kontaktadressen

Bleiben Sie am Ball, denn der individuelle Kontakt hat spezifische Vorteile gegenüber E-Mails, Briefen oder Newslettern!

Die entscheidenden Vorteile jedes Telefonkontakts

- Ob Sie Ihre Adressaten überhaupt erreichen, ist auf anderem Wege völlig ungewiss. Weder bei Briefpost noch bei E-Mails haben Sie dafür irgendeine Gewähr. Beobachten Sie sich doch beim Scannen Ihrer Post mal selbst: Wie viel von dem, was Sie bekommen, lesen Sie auch? Ich glaube die Antwort ungefähr zu kennen ...
- Alles, was Sie schreiben, ist Einbahnstraßenkommunikation. Sie bekommen nur in den seltensten Fällen eine Rückmeldung auf Ihr Sende-

signal. Damit wird dieser Kommunikationskanal – so sehr er auch seine Berechtigung hat – zu einem Vabanquespiel in Sachen Aufmerksamkeit und Zustimmung. Das ist am Telefon anders: Sie bekommen sofort Feedback, ob Sie mit Ihrer Ansprache richtig liegen – oder auf dem Holzweg sind. Meine Vermutung ist, dass viele diese unverblümte Reaktion scheuen und deshalb den Griff zum Hörer am liebsten bleiben lassen.

- Und, mein Hauptargument für die Telefonakquise: Sie kommen ins Gespräch mit anderen Menschen, die Ihnen fachlich (und vielleicht auch persönlich) nahe sind! Und das über alle geografischen Grenzen hinweg, indem Sie einfach eine Nummer eintippen. Ich finde das großartig und die Neugierde, welche Begegnungen mir der heutige Tag wohl bescheren wird, holt mich regelmäßig morgens aus dem Bett.

Ihr Kundendossier trägt Früchte

Nutzen Sie nun Ihr Kundendossier, um die PS auf die Straße zu bringen.

Unser Mustermann Herr Hinrichsen ist nun gerüstet und will seine betrieblichen PS auf die Straße bringen. Er hat sich einen guten Überblick über die Unternehmen verschafft und in seinem CRM festgehalten. Er hat sogar Adressen von möglichen Kunden angelegt, von denen er sich bei Gelegenheit einmal einen Presseartikel ausgeschnitten oder einen Ordner auf seinem PC angelegt hatte. Seine Dokumentation gibt ihm Auftrieb, denn er erkennt, dass seine Wunschkunden fast ausnahmslos dem gleichen Strickmuster folgen. Deshalb steht ihm ab diesem Moment ein feiner Sensor zur Verfügung, wer überhaupt Wunschkunden-Potenzial hat. In diese investiert er in Zukunft stärker als in andere, als in Einzelunternehmer etwa. Wenn es sich ergibt, coacht er auch diese weiter, doch er begibt sich nicht eigens auf die Suche nach ihnen.

Bei den handverlesenen, wirklich attraktiven Kunden hingegen ist er bereit, etliche Ressourcen einzusetzen, um sie zu gewinnen. Zwischen den absoluten Wunschkunden und dem willkommenen Zusatzgeschäft liegt eine weite Spanne. Unternehmen, die dazwischen liegen, bekommen ihrer Bedeutung entsprechend etwas mehr oder weniger Betreuung. Herr Hinrichsen entscheidet von Fall zu Fall, wie viel Aufwand ihm der Kunde wert ist – und ja: Wenn ihm wirklich einmal der Geduldsfaden reißt, legt er einen Kontakt auch einfach mal zur Seite.

Der erste Schritt zur Kontaktanbahnung

Der Sprung in die Praxis: Ihr Ausgangspunkt

- Suchen Sie aus Ihrem CRM die fünf attraktivsten Wunschkunden aus, die Sie ansprechen möchten.
- Recherchieren Sie, wie auf S. 57 ff. beschrieben, im Netz oder auf sozialen Plattformen wie XING und LinkedIN ein bis zwei Ansprechpartner, die zu Ihnen passen und Ihnen sympathisch erscheinen.
- Schlagen Sie gedanklich eine Brücke zwischen diesen Kunden und sich, indem Sie sich folgende Fragen beantworten:
    - Warum habe ich mir diesen Kunden ausgesucht, was „kickt" mich?
    - Was möchte ich diesem Kunden anbieten? Warum genau das? Skizzieren Sie grob Ideen, was aus Ihrem Leistungskatalog Ihrer Mei-

nung nach für diesen Wunschkunden passen könnte (Annahmen sind dabei ausdrücklich erlaubt).
- Was hat der Kunde mit Ihnen zu tun? Welche Ihrer Eigenschaften sind für ihn wohl attraktiv? (Fachliches, Branchenkongruenz, Methodisches, geografische Nähe ...)

Im zweiten Schritt entwickeln Sie Ihr Zielsystem für diesen Kunden:

- Was ist für diesen Kunden das attraktivste zu erreichende Ziel?
- Was sind akzeptable Etappenziele?
- Was ist für Sie als Anbieter ein K. o.-Kriterium, sodass Sie den Kundenkontakt auf Eis legen?
- Last but not least: Wie viel Ressourcen (Zeit/Geld) wollen Sie einsetzen, um diesen Kunden zu gewinnen?

Je klarer Ihr Zielsystem, desto eindeutiger können Sie im kommenden Telefonat kommunizieren. Ihre Ziele verschaffen Ihnen für Ihre Telefonate eine Routenplanung. Sie können Stück für Stück Ihre Etappenziele abarbeiten.

Die Planung gibt Ihnen Sicherheit und entlastet Sie, denn sie funktioniert wie ein Kompass und navigiert Sie durch Ihre Gespräche. Sie können sich stärker auf das konzentrieren, was Ihr Gegenüber sagt. Das Zielsystem führt auch vor Augen: Sie verfügen über die gleiche Entscheidungsmacht zur Zusammenarbeit wie der Kunde. Sie können also selbstbewusst darüber nachdenken, wann für sie ein Kunde und dessen Auftrag attraktiv sind.

Teil II

Auftakt

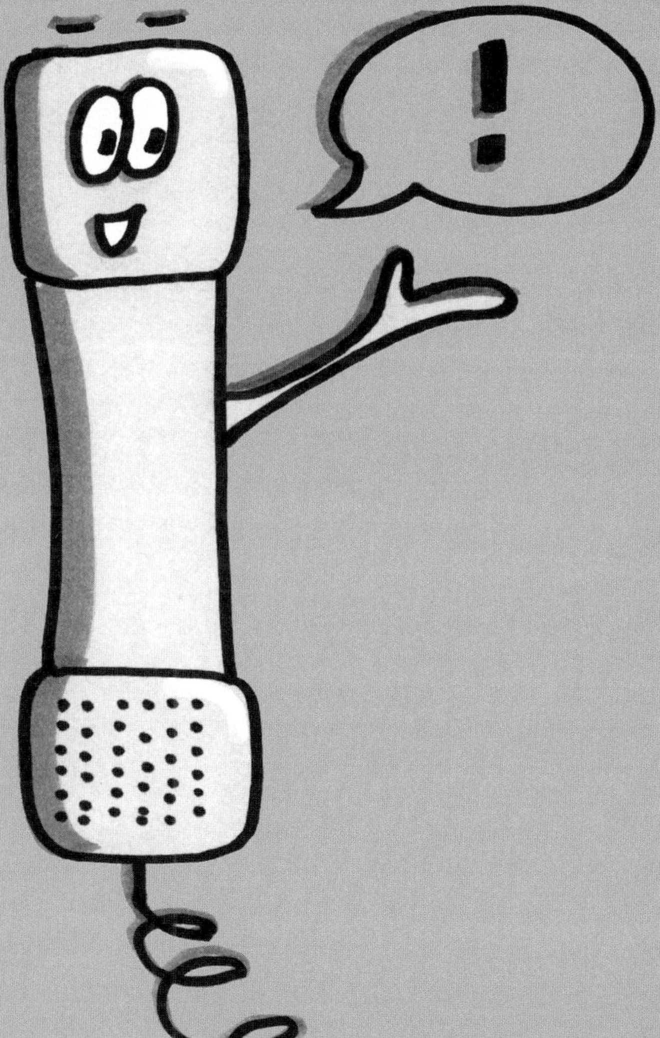

Jedes Gespräch ist anders. Darauf, wie Sie in das Gespräch reinkommen, nach welchem Muster es abläuft und wie Sie es abschließen, können Sie sich jedoch gut vorbereiten – und damit häufige Fehler vermeiden.

Kommen wir also nun zum Dialog, dem Brückenbau zu einer anderen Denkwelt.

Im Kapitel „Auftakt" geht es um:

06

Der erste Griff zum Hörer .... S. 80

07

Gesprächseinstieg .... S. 84

08

Der freie Dialog .... S. 99

09

Gesprächsabschluss .... S. 120

10

Praktische Hilfen für die
Gesprächsvorbereitung .... S. 129

06

Der erste Griff zum Hörer

Aller Anfang ist schwer, aber **mein bewährtes Mindset fürs Telefon** erleichtert Ihnen den Griff zum Hörer.

Nun erfahren Sie, wie sich **der Gesprächsablauf Schritt für Schritt** aufbaut.

Mein bewährtes Mindset fürs Telefon

Bringen Sie sich in die richtige Stimmung.

Irgendwann muss auch die gründlichste Vorbereitung mal ein Ende haben und in tatsächliche Aktion münden. Im Vertrieb heißt es nicht umsonst: Leerlauf nutzt niemandem – auch nicht bei 8.000 Umdrehungen. Die PS müssen auf die *Straße*! Doch bei allem intellektuellen Einverständnis in die Sinnhaftigkeit und die Rechtmäßigkeit Ihres Akquiseanrufs kann es gut sein, dass es in Ihrem Bauch rumort, wenn es an die Tat geht. Da kann ich vielleicht helfen:

Sie glauben mir bestimmt, dass ich nicht als Akquisenaturtalent auf die Welt gekommen bin, oder? Au contraire! Auch ich war mal „Bloody Beginner" und kenne dieses Lampenfieber aus eigener, leidvoller Erfahrung: Aufschieberitis (nie wieder hatte ich so saubere Fenster und gut gepflegte Pflanzen!), feuchte Hände, ein mit Piepsstimme vorgetragenes elendes Rumgestammel – furchtbar. Aber mit wachsender Routine habe ich ein Mindset fürs Telefonieren entwickelt. Vielleicht nutzt es Ihnen? Dieses „Mantra" geht so:

Das Lampenfieber beruhigen

> „Hier bin ich, lieber Kunde. Ich will Dir jetzt etwas verkaufen und mir ist durchaus bewusst, dass ich Dich womöglich störe. Tut mir leid, aber es geht nicht anders. Ich habe mich gründlich vorbereitet, so dass ich Dir in kurzen wohlüberlegten Sätzen mein Anliegen schildern kann. Ich bemühe mich, Deine Botschaften zu verstehen. Aber: Ich verdiene den gleichen Respekt wie ich ihn Dir entgegenbringe und lasse mich daher weder mit unfreundlichen Worten noch mit leeren Einwandhülsen abspeisen. Also gib auch Du Dir bitte Mühe, mir seriöse Informationen zu liefern. Dann hast Du's schnell überstanden und Du wirst sehen: Es tut gar nicht weh, sondern macht vielleicht sogar Spaß."

Oder, in Kurzform: „Ja, ich verkaufe Dir jetzt was. Aber ich habe mich gründlich darauf vorbereitet, sodass ich es uns beiden so angenehm als möglich machen kann."

Da ist er wieder, der kategorische Imperativ: Ich kommuniziere menschlich zugewandt, in der Sache aber klar und fest. Die Angerufenen spüren: Die meint das *ehrlich und ernst* – und nehmen mich dementsprechend ebenfalls ernst. Aus einer solchen Ansprache auf Augenhöhe entsteht ein *echter Dialog*, der am Ende auch die gewünschten tragfähigen Informationen liefert.

Der Gesprächsablauf Schritt für Schritt

Das folgende Kapitel ist nach den drei Bereichen aufgebaut, die wir mit der Dialogvenus im ersten Kapitel schon kennengelernt haben.

Wir folgen nun der guten Dialogvenus und kümmern uns nacheinander um alle drei Gesprächsphasen in der Akquise. Wir machen uns gleichzeitig stets die Fähigkeiten zunutze, die Sie als Berater, als Trainer oder auch als Coach mitbringen und vermutlich intuitiv ganz richtig einsetzen. Da, wo Kompetenzen fehlen, ergänzen wir sie punktuell und statten Sie mit allen Praxistipps aus, die auch mir am Telefon zu Gebote stehen.

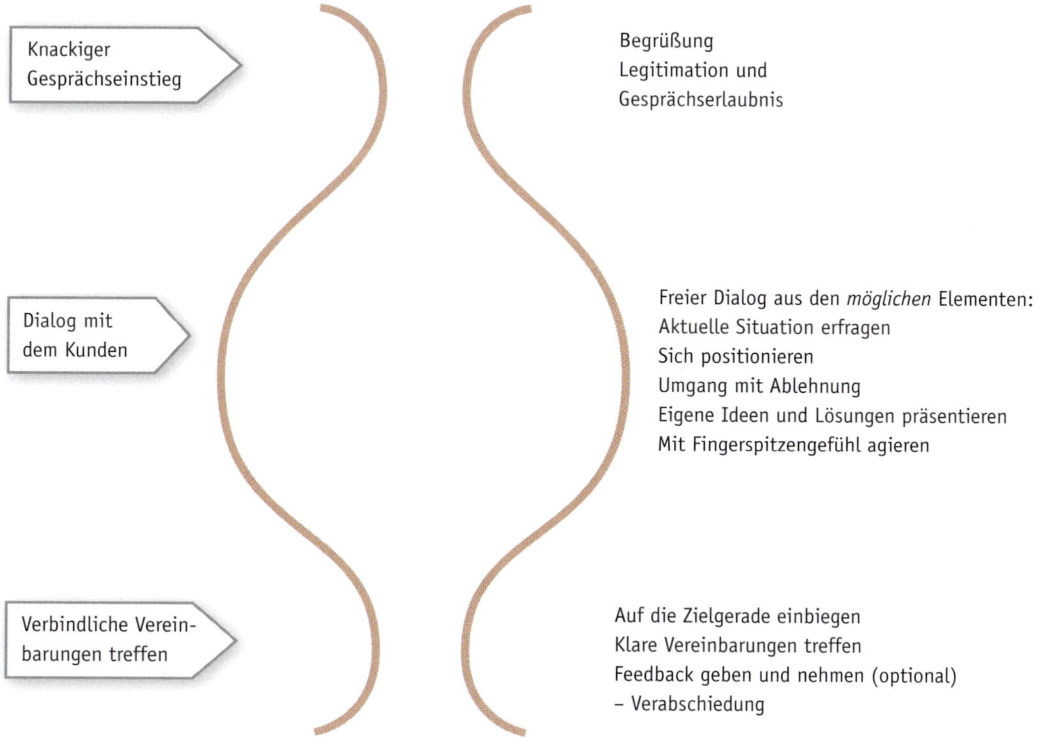

Abb: Der Gesprächsablauf

07

Gesprächseinstieg

Lernen Sie nun, **Ihre Begrüßung als gekonntes Entree** zu gestalten.

Wenn Sie mit **der Erreichbarkeit und um das Durchstellen** zu kämpfen haben, steckt **in Ihrer Legitimation das „Sesam öffne Dich!"** Ein besonders eleganter Tür- und Ohrenöffner ist das EVN-Modell.

Und wenn Sie die Erfahrung machen, es **klappt nicht auf Anhieb**, finden Sie hier neue Motivation und Beruhigung.

Begrüßung als gekonntes Entree

Die ersten Worte sollen knapp an der Zahl sein und sitzen. Wie das klingen kann, erfahren Sie hier.

Viele tun sich in der Vorbereitung ein bisschen schwer damit, wie sie sich am Telefon vorstellen. Ein erster Versuch klingt dann etwa so:

> „Guten Tag, mein Name ist Hein Hinrichsen von der Unternehmensberatung Hinrichsen in Hamburg. Ich bin Berater für internationales Projektmanagement, Change Management und zertifizierter Trainer und Coach. Kann ich bitte Herrn XY sprechen?"

Diese Meldung ist für meinen Geschmack zu lang. „Berater für internationales Projektmanagement, Change Management und zertifizierter Trainer und Coach" wirkt außerdem verwirrend. Gerade für fachlich nicht Versierte, am Empfang zum Beispiel, könnte das schwierig werden und zu Verwirrung und Verzögerungen führen. Dafür hat diese Begrüßung aber auch ein Plus, die Nennung des Ortes nämlich. Hamburg kennt jeder und die Stadt sorgt im Allgemeinen für eine positive Konnotation. Wer in Hintertupfing logiert, sollte den Ortsnamen vielleicht besser weglassen.

Eine gute Begrüßungsformel sollte kurz, prägnant und aussagekräftig sein. Typische Elemente sind:

Typische Elemente der Begrüßungsformel

- der eigene Name,
- Funktion (Unternehmensberater oder Trainer, ...) oder
- Firmenname (Unternehmensberatung Hinrichsen oder Hinrichsen GmbH),
- ggf. der Ort, von dem aus man anruft,
- wen Sie sprechen möchten (Funktion oder noch besser der konkrete Ansprechpartner)
- und worum es geht.

Man könnte daraus also gut machen:

> „Hallo, hier spricht Hein Hinrichsen, internationaler Projektberater aus Hamburg. Ich würde gerne mit Herrn XY über Ihre globalen Projekte sprechen."

Fachlich völlig korrekt. Nun hat sich aber Herr Hinrichsen für sein Akquiseprojekt ja ein Seminar als Produktschwerpunkt ausgesucht. Da ist es naheliegend, dass er sich – zumindest in diesem Projekt – schlüssiger als Trainer bezeichnet. Gut daran ist, dass Herr Hinrichsen mit dieser Funktion auch gleich sein Thema benennt: Training. Dagegen wäre Hinrichsen GmbH weniger „sprechend". Ziel ist, dass jeder Gesprächspartner Sie sofort zumindest grob zuordnen kann und Ihnen möglichst schnell Informationen zu Ihrem Thema geben oder Sie zum richtigen Ansprechpartner weiterleiten kann.

Vermeiden Sie diese Formulierung.

Dringend abraten würde ich dagegen von „Guten Tag, mein Name ist ..." Diese Formulierung wurde über Jahre in allen Leitfäden sämtlicher Call Center extrem strapaziert. So bewirkt sie heute lediglich, dass beim Menschen am anderen Ende innerlich die Jalousie runtergeht und er nur noch überlegt, wie er Sie am schnellsten wieder loswird. Herr Hinrichsen macht es jetzt so:

> „Hallo, hier spricht Hein Hinrichsen, Führungstrainer aus Hamburg. Ich würde gerne wegen eines Seminars für Young Professionals Herrn XY sprechen."

Das klingt einfach und gut verständlich. Und da Sie ja die Hilfe des anderen brauchen, ist auch ein „gern" oder „bitte" nur angemessen. Begriffe, die Ihre Ansprache zu „weich" machen und die Sie vermeiden sollten, wären an dieser Stelle Worte wie „eventuell" oder „vielleicht".

Bedenken Sie die Auswirkungen einer Änderung.

Mehr Farbe können Sie in Ihre Anrede auch bringen, indem Sie etwa dem Seminar, das Sie anbieten wollen, einen klingenden Eigennamen geben – wie „Leadership Fitness for Young Professionals" – und diesen in die Formulierung einsetzen. Beachten Sie dabei allerdings: Unter Umständen wirkt sich das auf vorhandenes Marketingmaterial aus! Natürlich ist so ein englischer Begriff nicht jedermanns Sache und kann am Telefon auch zu Missverständnissen führen. Im Fall von Hein Hinrichsen hat er aber aufgrund seines internationalen Backgrounds und ebendieser Zielrichtung seine Berechtigung, weil er den Zuhörer auf genau diese richtige Spur führt. Hier hilft es, einfach ein bisschen herumzuprobieren, was einem leicht von den Lippen geht und womit man sich am besten repräsentiert fühlt.

Die passende Einstiegsformulierung zu finden, erfordert ein wenig Probieren und manchmal auch die richtige Inspiration. Natürlich ist eine passende Formulierung auch von Ihrem spezifischen Angebot abhängig. Um Ihnen das „Wording“ Ihres eigenen Einstiegs zu erleichtern, finden Sie unter den Download-Ressourcen die zehn besten Eisbrecher aus meiner langjährigen Telefonakquise-Erfahrung, die sich flexibel an Ihre Leistung anpassen lassen. Wie zum Beispiel:

Gute Eisbrecher, die den Standard auflockern.

> „Ich war so wie Sie bei der XY-Veranstaltung [Messe, Vortrag, Konferenz, Fachtagung] und Sie standen ganz oben auf meiner Liste der Wunsch-Gesprächspartner. Aber ich habe es einfach nicht geschafft – entweder waren Sie gerade im Gespräch oder ich. Das möchte ich heute telefonisch nachholen.“

oder

> „Ich bin nun schon seit 15 Jahren als Trainer hauptsächlich in Ihrer XY-Branche unterwegs. Kürzlich sprach einer meiner Kollegen von Ihnen und plötzlich fragte ich mich: ‚Wie kann es eigentlich sein, dass ich bei Ihnen bislang noch nie tätig geworden bin?‘ Ich für meinen Teil würde das jedenfalls gern ändern und mit Ihrem Einverständnis mache ich jetzt am Telefon dafür den ersten Aufschlag.“

Tipp!

Nun klingt Ihr Einstieg schon sehr aufgeräumt, es fehlt für den perfekten Start nur noch ein kleiner Tipp: Achten Sie bitte darauf, Ihre Begrüßung langsam, leise und deutlich zu sprechen. Ungefähr in dem Tempo, in dem Sie einem Kind eine Gute-Nacht-Geschichte vorlesen würden. Das kommt Ihnen anfangs zwar bestimmt seltsam vor, sorgt aber dafür, dass Sie gut verständlich sind und gelassen und souverän wirken.

Erreichbarkeit und Durchstellen

Der Anfang ist herausfordernd, stellen Sie sich darauf ein und wappnen Sie sich für Extrarunden mit „Türstehern".

Bei der Telefonakquise steht die Herausforderung, die es zu meistern gilt, am Anfang. Eine gute Einleitungsformulierung ist Ihre Eintrittskarte, aber sie führt Sie nicht unbedingt auf direktem Weg zu den Leuten, die Sie eigentlich erreichen wollen. Ihr Weg kann Sie etwa an dieser „Pförtner-Kaskade" vorbei führen:

- Zentrale = Empfang
- Abteilungsassistenz
- Mitarbeiter des gewünschten Ansprechpartners
- Kollegen des Ansprechpartners
- Assistenz, Sekretariat oder Referenten des Ansprechpartners
- ... oder jemand ganz anderes.

Das Ziel ist dabei immer, möglichst zügig mit möglichst vielen, guten Informationen ausgestattet zum eigentlichen Ansprechpartner vorzudringen oder zumindest zum nächsthöheren „Sprungziel" zu gelangen.

Vor dem Empfang

Es beginnt schon damit, dass man es oft mit komplizierten Durchwahlmenüs zu tun bekommt, die immer Fragen an einen haben, die nicht zum eigenen Anliegen passen, z.B. eine Kundennummer, die man natürlich nicht hat. Beklagenswert! Leider aber auch nachvollziehbar, dass Firmen ab einer bestimmten Größe der Anrufmenge anders nicht Herr würden. Tipp: Manchmal hilft es, ein paar Mal die Null oder die Eins einzutippen und man bekommt einen lebendigen Menschen an die Strippe.

Am Empfang

Sie werden es sich denken können: Damit ist noch nicht zwangsläufig alles gut. Auch hier gibt es verschiedene Hürden zu überwinden. Die meisten Zentralen sind sehr professionell und hilfsbereit, aber bisweilen hat man es hier auch mit unwissenden bis hin zu unwilligen Gesprächspartnern zu tun. Meine Empfehlung – außer einer Portion Geduld: Hier hilft es enorm, auf eine klare, selbstbewusste Haltung und Ansprache zu achten. Manchmal wirkt aber auch eine Bitte um Hilfe Wunder bei ansonsten eher „hartleibigen" Empfangsmitarbeitern: „Frau XY, ich brauche bitte mal Ihre Hilfe bei der Suche/Frage nach ...". Dennoch gelten heute oft strikte Vorschriften in Bezug auf Datenschutz der Mitarbeiter, dann darf man Ihnen weder Namen noch Durchwahl nennen und oft noch nicht mal durchstellen – das ist zu respektieren.

Im Netz der Spinne

Je größer die Firmen, in denen Sie anrufen, desto feiner ausdifferenziert und schwerer fassbar sind die Zuständigkeiten (siehe hierzu S. 57 ff.). Hat man keinen eindeutigen Ansprechpartner recherchiert, führt das oft zu dem Phänomen, von Pontius zu Pilatus durchgereicht zu werden – und wieder zurück, ohne Ergebnis. Meine werte langjährige Akquisekollegin Martina Bloch beschreibt in ihrem Blog ihre Erfahrungen mit schlechter Erreichbarkeit:

Das muss man aushalten können...

Martina Bloch am 5. Februar 2013 um 09:57 Uhr,

21.01.2013 16:13:37	In der Warteschleife hängen geblieben.
22.01.2013 14:00:54	Er ist in einem Termin, besser morgen zu erreichen.
23.01.2013 09:21:51	Er ist am besten morgens um 8.00 zu erreichen, aber erst ab Montag wieder.
28.01.2013 08:57:27	Er ist nicht am Platz, DW notiert.
29.01.2013 09:24:40	Er ist nicht am Platz.
30.01.2013 12:17:36	Er ist nicht am Platz, evtl. ab 13.00 Uhr wieder.
04.02.2013 08:36:55	Wieder ist er nicht am Platz, er ist aber im Haus, heißt es.

Quelle: *www.akquiseblog.de*

Solche Fälle sind dann eine gute Gelegenheit, um an Ihrer Begrüßung zu feilen und an den Feinheiten zu schleifen, die Ihnen noch nicht so locker über die Lippen kommen. Martina Bloch und ich sind uns übrigens einig: Manchmal sollte man sich ein Beispiel am Hammerwerfer nehmen und „auch mal loslassen können". Das gilt zweifelsohne, wenn Sie es mit derartigen Telefonverweigerern zu tun bekommen. Ja, die liebe Erreichbarkeit ist oft schlecht. Und zwar angefangen vom Empfang einer Firma über die Sekretariate bis hin zum eigentlichen Entscheider. Bewahren Sie also die Geduld, wenn Sie durchgereicht werden und bleiben Sie höflich und respektvoll. Mit wem auch immer Sie sprechen – Sie haben es mit einem Menschen zu tun. Laufen Sie sich darauf warm, dass wir in der Akquise viele Frösche küssen müssen, ehe wir auf einen Prinzen stoßen.

Aus manchen Fröschen werden Prinzen.

Erst Versuch macht klug

Niemand von uns hat eine Kristallkugel. Das bedeutet: Sie können nicht wissen, aus welchem Frosch überhaupt einmal ein Prinz wird – und aus welchem nicht. Wo ein Auftrag auf uns wartet, wissen wir eben frühestens, wenn wir tatsächlich einmal (oder mehrmals) angerufen und nachgefragt haben. Bitte rechnen Sie damit, dass Sie hinter vielen Entscheidern länger her sein müssen. Ansonsten bleiben Ihnen zwei Alternativen: Die Akquise fremd vergeben – oder einen anderen Ansprachekanal wählen. Die „Inkubationszeit" von Erstansprache bis zur Auftragserteilung dauert in unserem Business nicht selten zwei Jahre und mehr. Da ist es einfach erforderlich, in die Hände zu spucken und dranzubleiben. Einen Ausblick darauf gibt es im dritten Kapitel „Auftrag! ... zur Kundenpflege" (S. 135 ff.), zunächst bleiben wir aber im Erstkontakt.

„Worum geht's?"

Dieser Klassiker kommt garantiert! Oft sogar dann noch, wenn Sie es bei der Begrüßung schon erwähnt haben. Es ist für Mitarbeiter in Zentralen, die Hunderte von Anrufen täglich entgegennehmen, zum Automatismus geworden. Bleiben Sie auch da geduldig und wiederholen Sie Ihr Anliegen. So kommen Sie am schnellsten weiter. Zu der Frage, wie viel man am Empfang oder anderen „Pförtnern" eigentlich schon preisgeben sollte, gibt es eine einfache Faustregel: So wenig wie möglich und so viel wie für eindeutiges Verständnis und zügige Weiterbearbeitung nötig. Klarheit entsteht auch über sorgfältige Wortwahl: Besser deutsch als „denglisch", besser einfache Worte als Fachchinesisch. Statt „Young Professionals" lässt sich z.B. auch „Seminar für Nachwuchskräfte" sagen.

Wie viel „Pförtnern" gesagt werden sollte.

Übrigens: Wenn Sie mal einen Namen nicht genau verstanden haben, ist das nicht schlimm. Wiederholen Sie einfach, was Sie verstanden haben. Entweder Ihr Gegenüber korrigiert Sie – oder eben nicht. Nachfragen ist selbstverständlich auch erlaubt, vor allem, wenn es um Genauigkeit geht, etwa bei E-Mail-Adressen.

Ihre Legitimation: „Sesam öffne Dich!“

Dies ist der entscheidende Moment, antworten Sie interessant, schlüssig und pfiffig auf die ungehörten Fragen Ihres Kunden.

Nun kommen wir zum entscheidenden Augenblick im Telefonat, dem einzigen und zugleich wichtigsten Merkmal, das ein Kaltakquisegespräch von anderen geschäftlichen Kontakten und unterscheidet: Ihrer Legitimation.

Erinnern Sie sich an die drei ungehörten Fragen Ihrer Kunden (S. 27 ff.)? Ihre Legitimation ist die Kehrseite der Medaille, nämlich Ihre Antworten darauf: Wer Sie als Anbieter sind, was Sie anbieten und warum Sie speziell dieses Unternehmen kontaktieren. Oft begegnen uns die drei Fragen in Form der explizit gestellten „Worum geht's“-Frage, Ihre Legitimation ist die natürliche Antwort darauf.

„Worum geht's?“ ist die kritische Stelle des Gesprächs.

Die meisten meiner Kunden empfinden diese Situation als die mit Abstand kritischste im Gespräch – und zwar zunächst mal völlig unabhängig davon, wer die Frage stellt. Denn meistens hören wir sie mehrmals, ehe wir beim Entscheider angekommen sind. Das sind die legendären „Pförtner“ in Form von Empfangs- oder Assistenzmitarbeitern, die damit in der jeweiligen Situation die Gestaltungsmacht über den weiteren Verlauf des Kontakts haben. Abgesehen davon stellt Ihnen meistens auch der Entscheider noch einmal diese Frage. Da heißt sie dann oft, in geschäftsmäßig strengem und eiligem Ton vorgetragen: „Was kann ich für Sie tun?“ Besonders humoristische Zeitgenossen formulieren sie anders herum: „Und … was kann ich gegen *Sie* tun?“

Wer sie zufriedenstellend beantwortet, hat sich die Chance erarbeitet, seinem Gesprächspartner zugleich sein ureigenstes Interesse an diesem Telefonat deutlich zu machen. Lassen Sie sich deshalb davon nicht ins Bockshorn jagen, bleiben Sie cool und sagen Sie, was Sie zu sagen haben. Das ist schließlich genau das „Sesam öffne Dich“, für gut vorbereitete und der Sache gewachsen auftretende Anrufer. Souverän loslegen können Sie zum Beispiel mit einem frischen „Danke für diese Frage!“.

Um nicht schon an dieser Stelle vertieft über sich selbst als Anbieter und die Besonderheiten Ihres Seminars zu sprechen zu kommen, sondern erst Mal nur die Informationen zu geben, die es zum „Öffnen der Türe“ braucht, schlage ich eine stets ähnliche, formelhafte Vorgehensweise vor. Mit diesem Dreisprung fällt es leicht, auf den Punkt zu kommen:

Diese Formel führt auf den Punkt.

1. Stellen Sie sich nach allen Regeln der Kunst kurz und knapp vor. (Begrüßung)
2. Schildern Sie den Anlass, der Sie dazu bringt, Herrn/Frau XY anzurufen. (Legitimation)
3. Geben Sie einen Einblick in Ihr Gesprächsziel und enden mit einer Frage. (Zielvereinbarung)

Das kann etwa im Fall unseres Herrn Hinrichsen so klingen:

> „Guten Tag, Herr X., hier spricht Hein Hinrichsen aus Hamburg. Ich habe bei meiner Geschäftsreise Ihren Kollegen, Herrn Z., kennengelernt und mich sehr angeregt mit ihm über Ihr Nachwuchsförderprogramm unterhalten. Toll, was Sie da auf die Beine gestellt haben! Im Nachhinein ist mir eingefallen, dass ich da noch eine spannende Ergänzung in Form einer App dazu hätte. Wollen Sie sich das kurz anhören?“

Anlass und Frage sind natürlich jeweils unterschiedlich, aber das Tolle ist: Sie haben mit dieser „Gesprächsmechanik“ den gesamten Gesprächseinstieg inklusive Legitimation und Zielvereinbarung in kürzestmöglicher Form verbunden!

An Legitimationen kommen

Vermutlich geht jetzt in Ihrem Kopf sofort eine Kaskade los: „Woher bekomme ich denn so eine Legitimation? Was ist, wenn ich nun einmal niemanden kennengelernt habe aus diesem Unternehmen?“ Sie haben recht! Das ist ja die größte Hürde, sich so einen guten Anlass – am besten mit einem Eigennamen – zu erarbeiten. Kluge Dienstleister sind daher in aller Regel ausgefuchste „Legitimationsjäger“, die sich bei jedem noch so kleinen Anlass merken (oder notieren), mit wem sie wann worüber gesprochen haben. Stets eingedenk dessen, dass man ja nie weiß, wann man diesen Kontakt noch einmal brauchen kann.

In den Download-Ressourcen finden Sie Empfehlungen, wie Sie zum Legitimations- und Kontaktesammler werden können. Wie Sie unabhängig von vorherigen persönlichen Kontakten Ihre Legitimation aus Ihren CRM über das Unternehmen vorbereiten können, lesen Sie in dem Unterkapitel auf S. 62 ff. (vgl. dazu auch die Formulierung im Gesprächsleitfaden auf S. 130).

Denn auch ohne einen Namen als Referenz nennen zu können, liegt in diesem Dreisprung der „Dreh" für alles Weitere: Je interessanter, schlüssiger, pfiffiger diese Gesprächspassage vorbereitet ist, desto größere Chancen haben Sie auf die Fortsetzung des Dialogs. Hier ist noch ein Beispiel:

> „Wir sind als Outdoor-Spezialisten natürlich immer auf der Suche nach geeigneten Kooperationspartnern. In der kommenden Saison werden wir wieder einige neue Hochseilparcours ausprobieren, darunter einen in Ihrer Nähe. Wenn Sie gerade über eine Teambuildingmaßnahme nachdenken, wäre das eine gute Gelegenheit. Denn Sie würden natürlich Sonderkonditionen von uns bekommen. Was meinen Sie: Kommt das Angebot gerade passend?"

Beispiel für den Dreisprung: Vorstellung, Legitimation, Zielvereinbarung

Diese Stelle ist so zentral, dass Sie nun zu diesem Dreisprung einen Bausatz, ein Modell zum Nachbauen, in die Hand bekommen, das EVN-Modell.

Schönheit liegt im Auge des Betrachters

Was ist eigentlich der Nutzen Ihrer Leistung? Keine einfache Frage, wie eine kurze Geschichte aus dem Blog von Kerstin Boll demonstriert:

> Ein EDV-Berater will einem Kunden ein Software-System schmackhaft machen. „Wenn Sie unser System einsetzen", erklärt er, „sind Sie viel schneller fertig und können abends früher nach Hause gehen. Dann haben Sie mehr Zeit für Ihre Familie." Der Kunde erstarrt: Seit Monaten liegt er mit seiner Frau im Clinch. Früher nach Hause gehen? Das ist das Letzte, was er im Moment möchte!

Die Geschichte zeigt: Was wir für nützlich halten und das, was unser Kunde in unserer Leistung sieht – muss noch lange nicht dasselbe sein.

Das EVN-Modell

Das EVN-Modell nimmt genau diesen Gedanken auf. „EVN" steht für „Eigenschaft – Vorteil – Nutzen". Kennengelernt habe ich es bei Reiner Voss von Voss + Partner, dem Trainingsinstitut, das lange meine berufliche Heimat war. Ein herzliches Dankeschön an dieser Stelle für dieses erhellende Modell!

Die Eigenschaft

- Eine Eigenschaft kann man objektiv feststellen, zum Beispiel „ein Training dauert acht Stunden" oder „die Teilnehmer bekommen ein 40-seitiges Skript". Eigenschaften kann man messen, zählen, wiegen oder man kann sie mit den fünf Sinnen wahrnehmen.

Im obigen Beispiel lautete dieser Part so: „Wir sind als Outdoor-Spezialisten natürlich immer auf der Suche nach geeigneten Kooperationspartnern. In der kommenden Saison werden wir wieder einige neue Hochseilparcours ausprobieren, darunter einen in Ihrer Nähe."

Der Vorteil

- Ein Vorteil beschreibt den Unterschied zwischen zwei Angeboten und deutet ihn positiv. Sie können zum Beispiel sagen: „Das Training meines Wettbewerbers dauert einen Tag, meines dauert zwei Tage. Innerhalb von zwei Tagen kann ich viel persönlicher auf die Teilnehmer eingehen." Der objektive Unterschied – Dauer zwei Tage – gewährt Ihnen die Möglichkeit eines individueller gestalteten Trainings. Genauso kann aber auch Ihr Wettbewerber auf die Vorteile seines Trainings verweisen: Nur ein Tag – da fällt das Honorar niedriger aus! Ganz zu schweigen von der eingesparten Zeit aller Teilnehmer, auch die kostet schließlich Geld.

  Im vorherigen Beispiel wird der Vorteil so beschrieben: „Wenn Sie gerade über eine Teambuildingmaßnahme nachdenken, wäre das eine gute Gelegenheit. Denn Sie würden natürlich Sonderkonditionen von uns bekommen. Und: es findet außerdem in Ihrer Nähe statt."

Die Frage nach dem Nutzen

- Ob das längere Training für den Auftraggeber von Nutzen ist oder ob er es als nützlich bewertet, das können wir nicht sagen. Vielleicht ist die „gewonnene" Arbeitszeit und das eingesparte Budget viel eher nach seinem Geschmack? Da hilft nur eins: Fragen Sie!

  So, wie es auch in dem Beispiel getan wird: „Was meinen Sie, kommt das Angebot gerade passend?"

Die Theorie ist hiermit schnell erklärt. Damit Sie nun weiter damit vertraut werden, wie das EVN-Modell eingesetzt wird, finden Sie unter den Downloadressourcen Beispiele und Tipps aus der Praxis für die Kundenansprache nach dem EVN-Modell.

Vorsicht Plattitüden!

Nun noch ein letztes Finish beim Feinschliff Ihres Türöffners: Meiden Sie abgedroschene Phrasen. Zum Beispiel ist es nicht zu empfehlen, den

Diese Formulierungen vermeiden

Fach- und Führungskräftemangel als Grund für irgendwelche Maßnahmen anzugeben, die das Unternehmen machen soll. Der arme Mangel muss seit etlichen Jahren für wirklich alles herhalten und ist zum Dauer-Joker für sämtliche Beratungs-, Trainings- und Coachingleistungen geworden, die den Markt bevölkern. Genauso ist es eher ungeschickt, wahllos allen Unternehmen Führungsentwicklungsmaßnahmen anzubieten, weil verlässlich zu jeder Belegschaft Führungskräfte gehören und ergo so eine Maßname unter Garantie immer gebraucht werden müsse. So korrekt der Ansatz in der Theorie auch sein mag: In der Praxis ist er gähnend langweilig. Eine Best-of-Liste solcher Plattitüden finden Sie unter den Download-Ressourcen zu diesem Buch. Ihnen sei ein kurzer Blick hinein ans Herz gelegt, denn so vermeiden Sie, beliebig oder nutzlos daherzukommen.

Fragen statt Gedankenlesen

Damit sind wir wieder bei der Quintessenz des EVN-Modells: Was der Nutzen einer Leistung ist, das kann nur der Kunde selbst beurteilen. Sie als Anbieter dürfen sich zurücklehnen und von der Idee verabschieden, Sie müssten den Nutzen qua Gedankenlesen oder Magie entschlüsseln. Fragen Sie einfach! Sofern Sie ernsthaft und auf Augenhöhe fragen, freut sich Ihr Kunde. Er bekommt nämlich Raum für seine persönliche Sicht auf die Dinge.

Paradigmenwechsel: Status ausgeglichen!

Die EVN-Formel bringt Sie auf Partnerebene.

Geschafft, Flaschenhals erfolgreich passiert, Glückwunsch! Die EVN-Formel hat dafür gesorgt, dass Ihr Gesprächspartner Ihnen zugehört und den Eindruck gewonnen hat, dass Sie jemand sind, mit dem man reden kann. In der Gesprächseröffnung mit dem EVN-Modell liegt eine besondere Magie: Sie und Ihr Kunde sprechen ab jetzt als gleichberechtigte Partner miteinander. Das ungute Gefühl, als Bittsteller zu kommen, verschwindet zugunsten eines offenen, fachlichen Austauschs darüber, was Ihr Kunde braucht, wie er es braucht und was für ihn wichtig ist. Sie prüfen mit gleicher Berechtigung, ob Sie Ihre Leistungen so erbringen können und wollen, wie es der Kunde wünscht. Damit ist der entscheidende Paradigmenwechsel, der feine Unterschied zwischen einem ganz „herkömmlichen“ Gespräch und einem Kaltakquisetelefonat endgültig vollzogen. Sie sind nicht der „Klinkenputzer“, der sich und seine Waren anbiedert, sondern ein Unternehmer, der mit geradem Rücken und offenem Visier seine Leistung präsentiert: Beide Partner prüfen mit gleichen Rechten und Pflichten, ob sie zueinander passen und miteinander arbeiten wollen.

Gemeinsam den weiteren Kontakt besprechen

Wenn Sie das EVN-Modell bis zu diesem Punkt des Gesprächs geführt hat, erteilt Ihnen in der Regel auch Ihr Gesprächpartner die Erlaubnis, in Kontakt zu bleiben. Das erste „Beschnuppern" war positiv für beide Seiten, sodass Sie nun in einem vorsichtig-optimistischen Arbeitsmodus miteinander stehen, der da heißt: „Wann werden wir das nächste Mal miteinander sprechen? Was soll das Thema sein? Woran, lieber Kunde, haben Sie Interesse?"

Sie legen also gemeinsam (!) die nächsten Gesprächsziele und vielleicht sogar schon Meilensteine Ihrer weiteren Kundenbeziehung fest (mehr zur Zielfestlegung auf S. 69 ff. und auf S. 125 f.). Im Idealfall kann Ihnen Ihr Gesprächspartner recht genau vermitteln, was in seinem Fokus liegt und wann er Sie wieder am Hörer haben will. Sollte das nicht der Fall sein, ist es für Sie einfach: Sie können ihm Vorschläge machen, die Ihren Zielen zupass kommen. Zum Beispiel können Sie ihn an dieser Stelle schon zu einer geplanten (Schnupper-)Veranstaltung einladen oder Sie sind wegen einer Messe mal in seiner Nähe oder ... oder ...

Klappt nicht auf Anhieb?

Hier finden Sie Motivation und Absolution, die Ihnen über erste Schnitzer hinweghelfen.

Nun sind Sie für den Gesprächseinstieg gut gewappnet. Doch selbst bei perfekter Vorbereitung kann passieren, dass das Gespräch nicht so läuft, wie Sie sich das vorgestellt haben, oder dass die Aufregung Ihnen einen Strich durch die Rechnung macht. Auch wenn zur Generalprobe alles geklappt hat – die Premiere ist da doch noch mal was ganz anderes. Lassen Sie sich nicht entmutigen, das Profi-Arsenal hält noch den ein oder anderen Tipp vor, der Ihnen endgültig zum Durchbruch verhilft. Und bei Schnitzern, die Ihnen in der „Trial and Error"-Phase passieren, denken Sie daran:

Recht auf Vergessenwerden

Bei aller Notwendigkeit einer guten Vorbereitung: Überschätzen Sie nicht die Bedeutung eines einzigen Telefonats. Bitte gehen Sie davon aus, dass Ihre Ansprechpartner täglich eine ganze Menge Verkaufsanrufe bekommen und wenn der Ihre mal mittelmäßig bis schlecht ausfällt, wird er Sie schnell wieder vergessen haben.

Alltagsjargon schlägt Berater-Sprech

Es ist ein weit verbreitetes Phänomen, dass wir in unsicheren Kommunikationssituationen zu einem gedrechselten Sprachstil neigen: Nominalstil mit möglichst vielen Fremdworten gespickt. Oft ist zu merken: Je wackliger innerlich, desto dicker der Panzer aus „Berater-Sprech".

Dabei ist ein Akquisegespräch wie jeder andere gute Austausch vor allem eins: ein ganz normales Gespräch zwischen zwei Menschen. Und damit wieder genau Ihre Stärke in der Gesprächsführung. Versuchen Sie, diese gewohnt gute Qualität in jedes Ihrer Akquisegespräche zu übertragen.

Gönnen Sie sich eine fehlerfreundliche Gesprächsatmosphäre

Falls das mal nicht so geklappt hat, hier noch ein Tipp, den viele als enorme Erleichterung empfinden, wenn sie das erste Mal zum Hörer greifen: Verwandeln Sie die scheinbare Schwäche in eine Stärke und gehen

Sie ehrlich mit Ihrer Gefühlslage um! Will sagen: Nehmen wir als exemplarisches Beispiel noch mal das Abrutschen in die distanzierte Behördensprache – dies gilt aber auch für alle Situationen, in denen Ihnen etwas anderes Unvorhergesehenes passiert.

Unterbrechen Sie sich dann selbst und offenbaren Sie sich Ihrem Gegenüber, z.B. so.: „Entschuldigen Sie, ich bin gerade verbal ein wenig ausgerutscht. Also noch mal. Eigentlich wollte ich sagen, dass ..." Das macht Sie menschlich nahbar und zeigt, dass Sie die „Traute" haben, einen Fehler einzugestehen. Wie sollte Ihnen Ihr Gegenüber das zum Vorwurf machen? Meistens können Sie sich auf diese Weise recht elegant wieder auf die eigene Spur setzen und Sie finden Ihre eigene, authentische Alltagssprache wieder.

Überfordern Sie sich nicht

Anbieter, die neu in der Telefonakquise sind, wollen oft wissen, was denn so der übliche „Schnitt" an Telefonaten pro Tag sei. Sie hätten irgendwo gesehen, gelesen oder aufgeschnappt, dass mindestens 20, 30 oder gar 50 Anrufe am Tag „normal" seien. Nun, wo Sie selbst einen Eindruck davon bekommen, wie lange das alles dauert, fragen Sie sich, wie andere das bloß schaffen können?

Ihr Schnitt kann ruhig niedrig sein.

Die Antwort darauf ist einfach: Egal! Sie schaffen so viel, wie Sie schaffen. Befreien Sie sich von solchen Statistiken, die gerne mal aus dem für Sie überhaupt nicht relevanten Dialogcenter-Bereich kommen. Im Gegenteil: Wenn Sie sich zu Anfang fünf Kunden vornehmen, ist das vollkommen genug und wenn Sie das schaffen, können Sie mit Fug und Recht zufrieden mit sich sein!

Wenn Sie diese Tipps berücksichtigen, werden Sie merken: Die Aufregung weicht einer Anregung, die Ihre Gespräche nicht mehr behindert, sondern unterstützt.

08

Der freie Dialog

Wie im Coaching gilt auch in der Akquise: **Fragen steuern das Gespräch.** Neue Fragen wirft auf, **wenn das beworbene Produkt nicht zum Anbieterprofil passt** – hier erfahren Sie, wie Sie diese Diskrepanz lösen.

Wenn Sie für sich selbst klar sind, müssen Sie das auch für Ihr Gegenüber am Telefon sein: Storytelling und Elevator Pitch helfen Ihnen, **verständlich und einprägsam** zu bleiben.

Wer mit möglicher **Ablehnung umgehen** kann, kann sie abschwächen oder sogar ganz abbauen. Lassen Sie sich außerdem von Ihren Kenntnissen und Ihrer Kreativität helfen, damit **Ihr Ideenfeuerwerk zündet.**

Das nötige Fingerspitzengefühl trägt das Gespräch, hier einige einfache Tipps, um es nicht zu verlieren.

Fragen steuern das Gespräch

Sie haben den Einstieg geschafft. Jetzt kommen Sie mit Fragen weiter.

Ist die erste und heikelste Phase des Gesprächs gut überstanden, klopfen Sie sich erst mal innerlich auf die Schulter. Gut gemacht! Danach widmen Sie sich der Aufgabe, mehr über Ihren Kunden herauszufinden. Es ist schließlich Ihr vitales unternehmerisches Interesse, Ihren zukünftigen Kunden zu verstehen, zu wissen wie er „tickt" und ihn „lesen zu lernen". Wir befinden uns damit jetzt im Bauch der Venus. Das heißt: Sie agieren frei, hier gibt es kein kleinteiliges „Gerüst" für Ihre Sätze. Einige probate Hilfsmittel gibt es dafür aber schon – und die kommen jetzt.

Beim Anlegen des Kundendossiers (vgl. S. 61 ff.) haben Sie sich einen ersten Eindruck des Unternehmens von außen verschafft. Sie haben eine Reihe von Informationen gewonnen, die Sie dazu bewogen haben, die Firma überhaupt in Ihre Wunschkundenliste aufzunehmen. Andere dabei auftauchende Fragen blieben unbeantwortet. Was wäre naheliegender, als sie Ihrem Gesprächspartner direkt zu stellen?

Nun ist die Vorgehensweise theoretisch wohl klar, allein – oft fehlt eine konkrete Vorstellung davon, wie das anzugehen ist. Beispielsweise, wenn die eigenen Fragen zu kleinteilig scheinen für eine so junge Kontaktanbahnung. In anderen Fällen mögen Ihnen Fragen zu banal vorkommen – oder zu „intim", sodass Sie sich nicht recht trauen, sie zu stellen.

Als Berater sind Sie aller Wahrscheinlichkeit nach geübt im Umgang mit offenen und geschlossenen Fragen und mit der nützlichen Öffnungsfunktion von W-Fragen. Auch kennen Sie voraussichtlich den feinen Unterschied zwischen rhetorischen und „Quizfragen", die Misstrauen erzeugen und so eine eigentlich gute Gesprächsatmosphäre zerstören können. Daher gehen wir gleich wieder ins pralle Leben der Akquisepraxis. Grundsätzlich gilt auch hier: Seien Sie entwaffnend offen. Wenn Sie zum Beispiel nicht sicher sind, wie angemessen Ihre Frage ist – dann fragen Sie danach, vielleicht so:

„Herr Z, ich bin nicht sicher, ob ich Ihnen mit der Frage zu nahe trete, aber ich probier's einfach mal. Nein sagen können Sie ja immer noch. Also, wie verhält es sich denn bei Ihnen mit ...“

Nützliche Fragen

Hier eine Auswahl an Fragen, mit denen ich häufig arbeite und die ich als hilfreich empfinde:

- „Herzlichen Dank, Frau XY, bis hierhin. Jetzt hätte ich noch zwei, drei offene Fragen, die ich in der Vorrecherche nicht beantworten konnte. Wären Sie wohl so freundlich ...?“
- Gleich zu Beginn wohl die stärkste Frage ist: „Was müssten wir denn tun, um mit Ihnen ins Gespräch über ... [hier Ihre Leistung einsetzen] zu kommen?“ Sie eignet sich nicht für alle und muss auf jeden Fall zu Ihrem Typ passen. Für die ganz Mutigen unter Ihnen geht auch: „..., um mit Ihnen ins Ge*schäft* zu kommen?“

Aber auch viel harmlosere Fragen bringen Sie gut weiter:

- „Kann ich Sie auf das Thema ... [hier Ihre Leistung einsetzen] ansprechen?“ (Falls Sie nicht sicher sind, ob Sie schon den richtigen Ansprechpartner am Ohr haben.)
- „Ich weiß zwar, dass Ihre Firma recht PE-intensiv ist, aber wie genau organisieren Sie das?“

Wenn Sie detailtiefer nachfragen wollen, deklinieren Sie die typischen Entscheidungsmuster durch, wie Sie sie aus Ihrer Praxis kennen. Meine sind meist die aus den PE und OE-Einheiten:

Entscheidungsmuster im Unternehmen erfragen

- Jährliche Weiterbildungsplanung oder akut bedarfgesteuert? Eine Mischung?
- Nur Firmentrainings, nur Entsendung in offene Seminare – oder beides?
- Entscheidungsebene hier am Standort oder woanders, z.B. in der Zentrale in England?
- Gibt es eine „List of preferred suppliers“? Wie kommt man da drauf?
- Gibt es einen Coachingpool? Wenn ja, was muss man mitbringen, um da reinzukommen?
- In welchen Bereichen können Sie Ihre PE/OE mit Bordmitteln bestreiten – und wofür holen Sie sich externe Unterstützung?

- Was ist Ihnen bei einem Trainer, Berater, Coach besonders wichtig? Was müsste ich mitbringen, damit ich bei Ihnen eine Chance bekomme?
- Können Sie sich vorstellen, ein Pilotprojekt mit mir zu machen/einen Testballon mit mir fliegen zu lassen, z.B. in Form von ... [hier Ihre Leistung einsetzen].

Eine ähnliche Kaskade möglicher Fragen gibt es sicher auch für Ihren Bereich und Sie sehen: Anlässe für Ihre Fragen gibt es mehr als genug! Wenn Sie sie gestellt haben: Lassen Sie Ihr Gegenüber reden und sprudeln. Kommentieren Sie lediglich ab und zu mit einem kurzen Verstehenssignal – und das Wichtigste: Schreiben Sie mit! Das sind wertvolle Informationen, die Sie da bekommen und die ergänzen Ihr Kundendossier perfekt.

Fragen erzeugen Gegenfragen – und damit die Chance zur Selbstpräsentation

Wenn Ihr Frageteil so läuft wie in einem normalen, guten Gesprächsablauf üblich, stellen Sie vermutlich maximal zwei oder drei Fragen, dann ist Ihr Gesprächspartner mit eigenen Fragen dran. Gerne kommt dann als Erstes die nach Ihrem Tätigkeitsfeld bzw. nach Ihrem Schwerpunkt, gefolgt von Erkundigungen nach anderen Basics wie Ihrer Expertise, Branchenerfahrung, Ihrem Standort etc.

Schön, wenn Sie gut darauf vorbereitet sind und in knappen, prägnanten Sätzen antworten können. Tappen Sie bitte nicht in die Falle, hier nun ausschweifend über Ihr Selbstverständnis als Trainer, Berater oder Coach, Ihren Werdegang und Ihre Werte zu berichten. Das langweilt den anderen nur und er könnte es sich ohnehin nicht merken. Was oft sehr gut ankommt, ist eine kurze Selbstbeschreibung, in die auch ein Schuss Selbstironie mit einfließen kann. Ein Beispiel:

Beispiel für eine Selbstdarstellung im Laufe des Gesprächs

„Ach wissen Sie, im Grunde bin ich eine ganz normale und kreuzbrave Wald- und Wiesentrainerin. Aber ich bin bei meinen Kunden berühmt dafür, einen blitzsauberen Job zu machen. Heißt: Ich sorge verlässlich dafür, dass die Teilnehmer nicht aus meinem Seminar gehen, ohne ihr persönliches Führungsverhalten gründlich analysiert und ihre Stärken entdeckt zu haben."

Mit solchen und ähnlichen Selbstdarstellungen bleiben Sie mit Sicherheit länger im Gedächtnis Ihres Gesprächspartners als mit den üblichen Phrasen über maßgeschneiderte Seminare (im heutigen Trainingsgeschäft eine

Selbstverständlichkeit!) und langen Aufzählungen über Ihre Schwerpunkte (die am Ende ohnehin eher als Bauchladen empfunden werden).

Übrigens: Wenn man gut vorbereitet ist, kann man sich auch mal eine kleine verbale Arabeske leisten: „Vielen Dank für die Frage. Ich hatte gehofft, das Sie sie mir stellen."

Knapp und prägnant: Anbieterpersönlichkeit mit einer Besonderheit

Kurzum: Eine ehrliche und verknappte Beschreibung der eigenen Anbieterpersönlichkeit mit einer Besonderheit kommt in dieser Situation am besten an. Stellen Sie sich in die Schuhe des Angerufenen: Er weiß noch nichts oder noch nicht viel von Ihnen, also benötigt er jetzt etwas Schnelles, ein Schlaglicht, eine Art holzschnittartigen Überblick über Sie als Anbieter. Zu viele Details verwässern hier nur die Kernbotschaft, die ja hängen bleiben soll. Nehmen Sie sich ein Beispiel an klassischer Werbung, auch die versucht mit möglichst knappen, präzisen Botschaften zu punkten.

Besondere Situationen erfordern außerdem Handlungsalternativen:

- Was tun, wenn das Produkt, das man gerade bewerben möchte, nicht gut zum üblichen Anbieterprofil passt?
- Wie schaffe ich es, auch schwer erklärbare Leistungen am Telefon unmissverständlich und einprägsam darzustellen? Und last but not least:
- Wie gehe ich mit Ablehnung um?

Passst das Produkt zum Anbieterprofil?

Ihr Kunde lernt Sie nun als Anbieter kennen. Was aber, wenn das Produkt, für das Sie werben wollen, nicht so gut zu Ihrem Profil passt? Da kann geholfen werden!

Es gibt eine Besonderheit, die in unserem Business doch recht häufig vorkommt. Sie haben über die Jahre ein klares Anbieterprofil aufgebaut und nach außen gepflegt. Nun aber lockt Neues: Sie haben ein Produkt entwickelt, das auf den ersten Blick mit Ihrem „alten" Kompetenzprofil so gar nichts mehr zu tun hat. Das betrifft auch Herrn Hinrichsen: Er hat sich für das Promoten eines speziellen Seminars für Young Professionals entschieden (siehe S. 43 ff.), das aber nicht unbedingt zu seinem Beraterprofil passt (vgl. S. 30 ff.). Das „heilen" wir nun.

Dazu ein kleines Gedankenexperiment: Betrachten Sie Ihr Portfolio mal wie einen großen, wunderschönen Diamant. Und jetzt stellen Sie sich vor, wie Sie ihn gegen das Licht halten und drehen. Sehen Sie, in wie vielen Facetten das Farbspektrum funkelt? Das geht genauso mit Ihrem Portfolio! Versuchen wir also, die richtigen Facetten zum Funkeln zu bringen.

Schauen wir noch mal auf Hein Hinrichs Anbieterprofil:

Das Anbieterprofil von Hein Hinrichsen

- Mit seinem Automotive-Background bringt er eine besondere Branchenexpertise mit. Das ist gut, denn die ist für potenzielle Neukunden am einfachsten einzuschätzen und zu prüfen und daher oft das stärkste und ausschlaggebende Argument für einen Anbieter.
- Mit seiner internationalen Projekterfahrung besitzt er eine tolle Feldkompetenz.
- Die Sprach- und Kulturkompetenz runden sein Profil optimal ab.

Was davon lässt sich aber übertragen auf sein Anliegen, jetzt den Young Professionals seiner Wunschunternehmen ein Führungs- und Kommunikationstraining angedeihen zu lassen?

Übung: Profil und Leistung in Einklang bringen

Versuchen Sie bitte selbst, in einigen Sätzen eine gute und schlüssige Begründung für diese scheinbare Diskrepanz zu finden!

Think!

Auch wenn sich das so liest, als könnten Sie in all diesen Facetten frei flottierend fantasieren – ich rate davon dringend ab.

- Was nicht wahr ist, ist nicht authentisch. Was nicht authentisch ist, ist nicht glaubwürdig. Und was nicht glaubwürdig ist, wird einfach nicht gekauft.
- Daher ist noch viel besser: Sie *müssen* es gar nicht! Es gibt immer, jawohl *immer*! gute Gründe dafür, warum einer tut, was er tut, wie er es tut und warum er es tut. *Kommen Sie Ihren Motiven auf die Spur*! Das ist manchmal förmlich detektivische Arbeit, aber Sie werden sehen: Wenn Sie der Sache ernsthaft auf den Grund gehen, finden Sie ganz und gar schlüssige Argumentationsketten. Die sind eine völlig hinreichende Erklärung, wenn ein Kunde nachfragt.

Die Auflösung nach getaner Grabungsarbeit bei Herrn Hinrichsen zeigt ein ebenso schlichtes wie elegantes und vollkommen wahrhaftiges Ergebnis: In seinen zahlreichen Projekten hat er es immer wieder mit genau diesen Young Professionals zu tun bekommen. Projekte, wie er sie rund um den Globus leitete, eignen sich nämlich prima für die Automotive-Firmen, um ihre Welpen auf die Teststrecke zu schicken und zu sehen, ob und wie diese sich in dem fordernden Umfeld entwickeln. Da kommt man als versierter Berater und Coach gar nicht umhin, zu bemerken, dass sich in der Kommunikation, in der Selbstführung und in der Steuerung der erforderlichen Prozesse Lücken auftun. Da er große Sympathie für seine „jungen Hunde" hegt (schließlich hat er selbst zwei Söhne, die bald ins Berufsleben starten), rutscht Herr Hinrichsen ganz selbstverständlich in die Rolle des Mentors. Neben seinem Projektgeschäft schafft er es aber keinesfalls, sich um jeden Einzelnen zu kümmern – also liegt nichts näher als eine Lerngruppe zu bilden. Da er selbst begeisterter Amateurfußballer ist (wenn seine knappe Zeit es zulässt) und er sogar mal ehrenamtlich eine Jugendmannschaft trainiert hat, nimmt er sich intuitiv die dort erfolgreichen Methoden als Blaupause für seine Entwicklungsarbeit im Projekt. So entsteht – praktisch aus dem prallen Leben – ein Seminarkonzept, das nur darauf wartet, von einem Kunden als passendes, maßgeschneidertes Lernprogramm wahrgenommen zu werden. Dabei war es eigentlich schon fertig, schon da – und sogar schon erprobt! Damit ist auch das großzügige Honorar mehr als gerechtfertigt.

Verständlich und einprägsam

Mit Storytelling und Elevator Pitch kommt Ihre Leistung besser beim Kunden an.

So haben wir nun mehr als genug Rohstoff für eine authentische Darstellung zu Tage gefördert. Der Inhalt steht – jetzt braucht es noch die passende Verpackung. Kommen wir zu einem Instrument, mit dem Sie Ihre Leistungen elegant in den Kopf Ihres Gesprächspartners pflanzen: Storytelling. Diese Methode nutzen Sie am Telefon vermutlich erst, wenn Sie sich etwas mehr Sicherheit angeeignet haben. Denn zugegeben: Alles parallel im Blick zu haben – die Stimmung Ihres Gesprächspartners, Ihr Ziel und Ihre Meilensteine und auch noch die Uhr – das ist schon die hohe Schule. Aber für die Mutigen und Wortgewandten unter Ihnen kann das absolut eine Möglichkeit sein, Bonuspunkte im Telefonat zu sammeln. Herrn Hinrichsens Story klingt in drei Sätzen so:

> „Wissen Sie, ich war jahrelang in leitenden Projektfunktionen überall auf der Welt aktiv. Und überall sind sie mir begegnet, diese Young Professionals: hoch motiviert – und völlig ahnungslos! Damit sie nicht verbrennen, habe ich mich ihrer schon immer besonders angenommen und so ist dieser zweisprachige Workshop entstanden: ‚Essential Project-Leading Skills for Young Professionals'".

Ein anderes gutes Beispiel aus der Praxis:

> „Ich bin seit 20 Jahren Berater und habe wunderbare Kunden – aber alle jenseits des Weißwurstäquators. Jetzt bin ich Vater von drei Kindern und wünsche mir, mehr Zeit mit ihnen zu verbringen. Daher rufe ich jetzt bewusst Firmen in Norddeutschland, so wie Ihre, an. Da bin ich abends wieder zu Hause bei meiner Familie – das wäre schön!"

Es muss sicher nicht extra erwähnt werden, dass Sie Ihre Story diszipliniert kurz halten und das Ihrem Gesprächspartner am Telefon gern auch signalisieren dürfen: „Frau XY, ich mach es kurz: ..." oder: „Herr Z., ich bitte für drei Sätze um Ihr Ohr." Dann müssen es aber auch drei Sätze bleiben! Falls Sie jetzt eine Art Déjà-vu haben (irgendwoher kenne ich das doch!): Im Grunde sprechen wir hier von einer Mini-Positionierung oder auch von der Entwicklung eines sogenannten Elevator Pitches. Falls Sie nicht wissen, was das ist, es ist schnell erklärt: Dabei handelt es sich um eine sehr verknappte, möglichst sympathische und auf beste Weise „bemerkenswerte" Kurzpräsentation Ihrer Leistung.

Wie kommt es zu diesem kuriosen Namen? Bei Wikipedia werden Sie dazu auf eine kleine Story stoßen, die Sie vermutlich nie wieder vergessen werden. Sie merken: Der Wahnsinn hat Methode!

Einen Mini-Elevator-Pitch können Sie sich für jedes Ihrer Produkte, jede Ihrer Leistungen und jede Ihrer Vermarktungsaktionen zurechtlegen. Achten sollten Sie lediglich darauf, dass die einzelnen Schlaglichter nicht zu weit von Ihrem gesamten Außenauftritt abweichen. Der geneigte Kunde sollte noch erkennen können, dass diese Leistung einen logischen Zusammenhang mit Ihrem Schwerpunkt hat. (Erinnern Sie sich an den Kometen und an die Frage „Was passt noch so gut zum heißen Kernbereich, dass es im Schweif mitgeflogen kommt?", vgl. S. 38 ff.).

Umgang mit Ablehnung

Wie Sie aus einem Nein ein Neinchen machen.

Wer in einen gesättigten Markt hineinfragt, bekommt womöglich ein unangenehm schonungsloses Feedback, wie wenig der Markt sein Seminar noch braucht. Dennoch: „A bissl was geht immer", wie es im Süden heißt.

Lieber Leser, was ist für Sie in der Telefonakquise der Worst Case? Mal sehen, ob Sie gleich ein Déjà-vu haben. Für die meisten meiner Kunden sieht der Worst Case etwa so aus:

- Wochenlang an einem neuen Seminarkonzept gebastelt, weil ein guter Kunde es brauchte.
- Hat super funktioniert –> jetzt soll es am besten in Serie gehen,
- also noch mal hier und da ein bisschen auf allgemein umgestrickt. Der Aufwand sind ungefähr zwei Wochen, gern in den Randzeiten im Seminarhotel.
- Dann wurde ein Flyer auf den Weg gebracht: Briefing für die Agentur erstellt, Texte vorgedacht, über Fotos, Farben und Formate philosophiert. 1.000 Flyer drucken lassen, vierfarbig und in Hochglanz.
- Die ersten 100 in einer Mailing-Hauruck-Aktion gleich versendet und weil Sie wissen, dass man so ein Mailing auch nachzutelefonieren hat, haben sie ohne langes Aufschieben damit begonnen.
- Nun haben Sie sich die 15. Absage am Stück eingefangen und es schwant Ihnen, dass auch die bei Weitem nicht das letzte „Haben wir schon" und „Brauchen wir nicht" war.

Wenn es Ihnen da ähnlich geht, erfahren Sie nun, wie Sie diesen Worst Case am besten in den Griff bekommen. Lernen Sie, wie man aus einem Nein ein Neinchen macht! Schauen wir uns das Arsenal dazu mal an, über das Sie womöglich schon längst verfügen.

Vermutlich dürfte Ihnen schon klar sein, wie der Hase läuft: Der Worst Case ist mitnichten das verpulverte Geld, die vertane Zeit oder die Nerven, die das Entwickeln des Flyers mit der Agentur gekostet hat. Es ist die narzisstische Kränkung, die am schlimmsten schmerzt und oft so übermächtig ist, dass wir am liebsten ganz darauf verzichten, aktiv auf den Kunden zuzugehen. Hier gilt es also anzusetzen, denn Absagen werden Sie nicht verhindern können.

Es beginnt im Kopf ... wieder einmal findet das Drama seinen Ausgangspunkt zwischen unseren Ohren: Bei wem das Kopfkino verrückt spielt und wer schon allein bei dem Gedanken an die Akquiseaufgabe Horrorszenarien produziert, der hat die besten Chancen, auch wirklich daran zu scheitern. Die Lösung findet sich für diese Gruppe am besten in einer möglichst gründlichen Vorbereitung. Der Spickzettel in der Schule bewahrte uns schließlich auch schon vor der schlimmsten Prüfungspanik und warum sollte man gute Gewohnheiten aufgeben? Unter den Download-Ressourcen finden Sie daher eine Unterstützung in Form einer Hitliste mit den zehn häufigsten Ablehnungen – und gute Antworten darauf. Die Wirkung des Spickzettels lag ja nun aber nicht darin, ihn im Rocksaum zu tragen, sondern darin, sich bei seiner Entwicklung so intensiv mit dem Lernstoff zu befassen, dass der Stoff dann eben auch abrufbar war. Dem gleichen Prinzip folgen Sie hier und wenn Sie dieses Buch bis hierhin gelesen haben, sind Sie auf dem besten Weg, auch herausfordernde Prüfungen zu bestehen. Wirklich souverän reagieren können Sie, wenn Folgendes zu Ihrer kompletten Vorbereitung zählt ...

Die häufigsten Ablehnungen – und gute Antworten darauf

Die Einwände vorhersehen

Behandeln Sie Absagen wie eine dräuende Schlechtwetterfront: Je verlässlicher Sie sie vorhersagen, desto geringer wird der Sturmschaden ausfallen. Im Grunde kennen Sie ja alle Gründe für die gefühlten Abfuhren, die erteilt werden. Laufen Sie sich darauf warm und wenn Sie warmgelaufen sind, werden Sie noch ein Stück besser und äußern Sie gegenüber dem Kunden im Gespräch Ihr Verständnis für die Absage. Sie können nicht nur mit spürbar erhobenem Haupt aus der vermeintlichen Niederlage gehen, sondern haben vor allem die wichtigste Voraussetzung geschaffen, um erfolgreich ein späteres Geschäft anzubahnen. Denn ...

Wer in der Lage ist, einen rechten Haken wegzustecken, sich aus dem Staub der Bretter zu erheben respektive das Krönchen zu richten und weiterzukämpfen, dem zollt man allein schon aus diesem Grund Respekt. Beweisen Sie also Nehmerqualitäten, indem Sie auf die Absage sportlich reagieren, in etwa so: „In Ordnung, Herr/Frau ..., alles andere hätte mich offen gestanden auch überrascht. Das ist zwar nicht gerade meine Wunschantwort, aber immerhin für mich ein klarer Erkenntnisgewinn. Das ist ja auch schon was. Daher: Vielen Dank für Ihr offenes Wort!" Wer das schafft, mag heute, in diesem einen Gespräch, der Verlierer sein. Jedoch: Der Verlierer von heute ist der Gewinner von morgen!

Hornhaut wachsen lassen

„Suaviter in modo, fortiter in re", heißt es: Freundlich im Ton, hart in der Sache. Für die jetzige Situation drehen Sie den Grundsatz doch mal um: Seien Sie in der Sache verhandelbar, dafür aber menschlich fest!

Lassen Sie nicht zu, dass man Ihnen bei einer Absage persönlich zu nahe tritt. Ich veranschauliche das mal anhand eines aktuellen Beispiels aus meiner eigenen Praxis. Situation: Ich sollte einen Abteilungsleiter zu einer Veranstaltung meines Kunden einladen und dabei sein Interesse in Bezug auf dieses Thema ausloten. Er reagierte unwirsch und lehnte das Angebot rigoros ab. Dem war inhaltlich nichts hinzuzufügen, also zeigte ich mich in der Sache flexibel: In Ordnung, kein Thema – es ist ein Angebot und das dürfen Sie selbstverständlich auch ablehnen. Das gab ihm den Raum, noch mal nachzulegen und er erklärte mir, dass er derlei Kaltakquiseansprachen überhaupt nicht mochte und kategorisch ablehne. Auch das darf er natürlich, aber um selbst sauber aus der Sache zu kommen und die Beziehung aufrechtzuerhalten, brauchte es noch einen versöhnlichen Abschluss. Also fragte ich ihn: „Und? Habe ich es wenigstens gut gemacht?" Dieses gute Gefühl wollte ich mir zu guter Letzt doch noch abholen – und habe es von meinem Gegenüber auch anstandslos bekommen. Er lachte sogar noch, weil er mit dieser überraschenden „Kampfkurve" nun nicht mehr gerechnet hatte. Fazit: kein Kunde gewonnen, aber die Beziehung bewahrt. Und seien Sie sicher: Den Kontakt zu halten, lohnt nach dieser „merkwürdigen" Begebenheit sicher, dann nur eben nicht am Telefon.

Verbal-Judo

Kennen Sie die Übung „der heiße Stuhl"? Ich kenne sie aus einer Trainerausbildung, sie hat mich damals sehr beeindruckt: Die Mastertrainerin setzte sich in die Mitte der Gruppe und forderte uns auf: „Konfrontieren Sie mich doch mal – so richtig fies, was Sie an dem heutigen Tag so gar nicht mögen – oder was immer Ihnen an Gemeinheiten einfällt!" Als wir der Aufforderung zunächst zögerlich, dann mit wachsendem Vergnügen folgten, zeigte sie uns, wie sie die Angriffe pariert: Wie eine Judoka nahm sie unsere Angriffsenergie ganz leidenschaftslos auf und ließ sie mittels Rückfragen ins Leere laufen: „So, das Mittagessen war Ihnen also viel zu schwer? Das heißt, ein leichter Salat hätte Sie mehr erfreut und wir täten gut daran, so etwas in unseren Speiseplan aufzunehmen? Gute Idee, vielen Dank dafür, wir werden das erörtern."

Mit so basalen Kommunikationswerkzeugen wie Spiegeln und Paraphrasieren nahm sie jeder Spannung die Schärfe und dem Angreifer völlig den Wind aus den Segeln. Verbales Judo, sozusagen. Erstaunlich! Ich schätze, das sind Instrumente, die sich bereits auch in Ihrem Methodenkoffer finden lassen. Nutzen Sie sie in der Akquise!

Tipp!

Falls Ihnen das Spiegeln und Paraphrasieren nicht so geläufig ist: Nehmen Sie sich einen Sparringspartner an die Seite und üben Sie genau die Fälle konkret ein, vor denen Ihnen am meisten graut. Aber bleiben Sie sich bitte bewusst, dass solche Angriffe doch eher selten kommen, im B2B spielt sich die Kommunikation in aller Regel nämlich recht höflich ab.

Der Weg führt nicht weiter? Rechtzeitig abbiegen!

Das können Sie, wenn Sie sich von vornherein darauf einstellen, dass Ihr Gegenüber am anderen Ende der Leitung Ihr Angebot vermutlich nicht brauchen wird. Dann biegen Sie doch einfach noch mal ab in Richtung Marktforschung. Fragen Sie also interessiert nach: Wenn Sie das nicht brauchen, gibt es sonst was in PE/OE, das Ihnen gerade unter den Nägeln brennt? Was wäre „das Richtige" gewesen? Woran besteht gerade Bedarf? Derlei Fragen nehmen dem Gespräch die Note der Ablehnung und Sie werden dabei klüger.

Sachlagen kommen und gehen, menschliche Beziehungen bleiben

Sicher, der Vergleich hinkt insofern, als die Machtverhältnisse in Training und Akquise umgekehrt sind und von einem Akquiseanruf für Sie gefühlt wahrscheinlich mehr abhängt als beim Umgang mit einem renitenten Seminarteilnehmer. Aber bitte bedenken Sie: Ein Anruf ist und bleibt eine Momentaufnahme und das gilt erst recht für einen Erstkontakt am Telefon. Der Reigen beginnt doch jetzt erst und wenn Sie es schaffen, Ihren Gesprächspartner in diesem ersten Kontakt menschlich zu überzeugen, haben

Sie gewonnen. Und damit à la longue den Erfolg gepachtet. Denn Situationen ändern sich andauernd, Funktionsträger in Unternehmen wechseln mit hohem Tempo, Rahmenbedingungen zwingen zum Umdenken. Der Kontakt von einem zum anderen bleibt aber konstant und ist Ihre Bank, in die Sie mit einem gewinnenden Verhalten stets einzahlen.

Ihre Menschlichkeit ist Ihre Homebase

Dabei dürfen Sie ruhig Gefühl zeigen. Wenn eine Absage Sie besonders fuchst, sprechen Sie es aus! Niemand von uns ist ein Automat und Sie zeigen durchaus menschliche Größe, wenn Sie im vermeintlich kalten und hektischen Wirtschaftsalltag eine persönliche Bemerkung fallen lassen wie: „Oh, das schmerzt mich jetzt doch mehr als ich erwartet hatte." Das macht Sie greifbar, spürbar und sorgt beim anderen dafür, dass er Sie auf einer anderen Ebene wahrnimmt als der rein geschäftlichen. Diese menschliche Ebene wiederum ist eine Ihrer großen Stärken, auf dieser Klaviatur spielen Sie als mit Menschen Arbeitender ja sehr gekonnt. Setzen Sie diese Stärke hier bewusst ein. Mit einem so ehrlichen Umgang bleiben Sie mit hoher Wahrscheinlichkeit in Erinnerung.

Wer mit seinen potenziellen Auftraggebern in einen derartigen Kontaktmodus kommt, gewinnt früher oder später zwangsläufig deren Aufmerksamkeit – und damit irgendwann den nächsten Auftrag. Das ist ein fast zwingendes Naturgesetz: Wer sich nicht abschütteln lässt und ohne lästig zu fallen immer wieder seine Chance ergreift, bleibt in Erinnerung. Darauf ist Verlass.

Fazit: Auch bei einem Nein lassen sich Ziele erreichen

In diesem Lichte betrachtet verliert der schnelle Auftrag an Bedeutung, denn Akquise hat nunmehr zwei Seiten, auf denen Sie mit Ihren Fähigkeiten Kapital anhäufen können: Einerseits ist und bleibt sie natürlich die Keimzelle für Ihre Chance auf einen Auftrag, aber ebenso ist sie wie Gärtnern: die akkumulative Pflege wichtiger Kontakte. Denn menschlich zugewandt sein, das können Sie doch bestens, nicht wahr? Wohlgemerkt: Unser Hauptziel ist und bleibt der Auftrag, aber wenn Sie drei neue Gesprächspartner von sich als nettem Menschen überzeugen konnten, haben Sie doch viel gewonnen!

Führen Sie sich also vor Augen: Wenn der Gesprächspartner Sie als zugewandten Menschen kennengelernt hat, dann haben Sie damit schon ein

Teilziel erreicht. Ein Ziel erreicht haben Sie auch, wenn Sie womöglich auch eine konkrete, hilfreiche Rückmeldung zu Ihrem Angebot bekommen haben oder auch weiterführende Informationen über die aktuelle Situation Ihres Wunschkunden erhalten haben. Vgl. dazu: „Etappenziele", S. 70 ff.

Tipp!

Wenn Sie allzu doll mit dem Lampenfieber vor einem Anruf kämpfen: Formulieren Sie Ihr Akquiseziel in ein Teilziel um: „Der Auftag wäre das Nonplusultra, aber mein Ziel habe ich erreicht, wenn ich mir heute drei Leute zum Freund mache, die mich vorher gar nicht gekannt haben."

Schrumpft so vielleicht sogar die Angst vor der Ablehnung beim Akquiseanruf ein bisschen? Das wäre doch ein willkommener Effekt. Und nicht vergessen: Wenn Sie Ihr Ziel erreicht haben, belohnen Sie sich! Sie haben es sich redlich verdient.

Ihr Ideenfeuerwerk zündet

Neugierde und Humor sind starke Vertriebspartner. Nutzen Sie also Ihre kreative Ader!

Trainer, Berater und Coachs sind oft kreativ, wenn es ums Erfinden neuer Konzepte für Bildung und Beratung geht. Manche Ideen drängen sich bei der Zusammenstellung des Kundendossiers (vgl. S. 61 ff.) geradezu auf. Viele meiner Kunden *lieben* es geradezu, im stillen Kämmerlein eins ums andere Seminar-, Workshop-, Moderations- oder Beratungskonzept zu entwickeln. Ich plädiere daher dafür, diesen Schaffensdrang gewinnbringend einzusetzen. Denn in gewisser Weise steckt in uns allen ein Kind, das neugierig gemacht, überrascht, inspiriert und unterhalten werden will. Auf diese tief in uns verankerte „Lebensneugierde" können Sie sich – bei aller Seriosität im Business – auch im Kundendialog verlassen. Warum diese Ader nicht nutzen?

Überraschen Sie also einen Ihrer aktuellen Kunden doch mal mit einer neuen Idee, mit einem ungewöhnlichen Setting oder einem methodischen Umschwung, der frischen Wind in die Zusammenarbeit bringt. Kein Problem? Oder gar: Mache ich doch sowieso schon! Sehen Sie: In einer vertrauten Kundenbeziehung erscheint Ihnen das völlig natürlich. Sie wissen, dass Ihre Ideen pfiffig sind, und – sofern möglich – gerne auf Sie gehört wird. Man schätzt die Kombination aus Ihrer kreativen und beraterischen Kompetenz. Warum sollte das bei einem neuen Kunden anders sein?

Trauen Sie sich also ruhig auch da mal, mutig nach vorne zu gehen. Genau dafür haben Sie sich doch in der Festlegung Ihrer Wunschkunden und im Brückenbau (vgl. S. 51 ff.) so viel Mühe gegeben. Lassen Sie ein Feuerwerk vom Stapel, das zeigt, dass Sie

Was Sie mit Ihren Ideen zeigen können.

- kompetent und versiert in Ihrem Fach sind,
- gekonnt aus Vorhandenem Zukünftiges kreieren und
- dass Sie verlässlich in der Lage wären, es umzusetzen.

Wer sollte Ihnen daraus einen Strick drehen? Was haben Sie zu verlieren? Mehr als Nein kann Ihr Gesprächspartner dazu nicht sagen. Und selbst das schmälert nicht die Güte Ihrer Idee. Vielleicht ist sie ja schon in einem der nächsten Gespräche erneut brauchbar.

Bitte verstehen Sie mich richtig: Sie sollen sich nicht nächtelang den Kopf zerbrechen, was dieses oder jenes Unternehmen jetzt gerade brauchen könnte. Es geht nicht darum, ob Ihre Idee tatsächlich passt oder nicht. Da spielt Gevatter Zufall ohnehin eine viel zu große Rolle. Es geht darum, dass Sie damit zeigen, dass Sie sich mit dem Unternehmen vor dem Griff zum Hörer gründlich auseinandergesetzt und sich innovative Gedanken gemacht haben. Diese Form der Aufmerksamkeit wird durchaus geschätzt und honoriert. Nicht immer und meistens nicht sofort, aber mit spürbarer Nachhaltigkeit. An Sie wird man sich besser und länger erinnern. Und Sie wissen ja: Wer in der Kopfschublade des Kunden ganz oben liegt ...

Kommt dann noch ein Schuss Humor mit ins Spiel – sind Sie im Rennen! Ich vermute, dass die meisten von Ihnen nicht glauben, wie viel Spaß man mit den Leuten in der Akquise haben kann! Wenn man sie (und sich!) selbst nicht ganz so bierernst nimmt. Auch das dürfte eine Qualität sein, die Ihnen innewohnt und sich nur in der heiklen Kaltakquise nicht so recht heraustraut. Mit etwas Übung wird sich das ändern, schließlich haben Sie doch auch mehr Freude an Gesprächen, in denen auch mal gelacht wird, oder?

Der Spagat zwischen Ideen geben und Knowhow schützen

So schön es für einen Anbieter ist, wenn er mit seiner Idee auf Interesse stößt – so ist doch die Sorge berechtigt, dass nun ein PE-Leiter die Idee hausintern als eigene verkauft und zu allem Überfluss die Umsetzung dann auch noch mit eigenen Bordmitteln organisiert. Aus dieser Klemme kommen wir Wissensarbeiter leider nie heraus: Wenn wir einerseits Kompetenz beweisen wollen, müssen wir andererseits unsere Ideen preisgeben. Jedoch gebe ich zu bedenken, dass in unserem Metier ein gutes Konzept sowieso noch nie vor Plagiaten geschützt war und es im Übrigen auch gar keinen Sinn macht: Gutes, nützliches Wissen darf und soll sich möglichst in Windeseile verbreiten und wenn wir in der Vermarktung gut für uns sorgen, wird ja auch unser Name damit transportiert – und das macht unseren Ruhm nur noch größer.

Haben Sie also keine Scheu, etwa eine grobe Konzeptskizze schon am Telefon zu umreißen. So lassen Sie Ihre geballte Erfahrung, Ihren Ideenreichtum und Ihre Gestaltungskraft aufblitzen. Und wenn aus Ihrer Idee in der aktuellen Auftragsanbahnung doch ein Rohrkrepierer werden sollte – überlegen Sie sich doch, daraus einen schönen Fachartikel zu machen, der ihnen auf Umwegen auch wieder Interessenten zuführt.

Das nötige Fingerspitzengefühl

Wenn Sie ein paar Regeln im Auge behalten, sind Sie trotz Aufregung ein einfühlsamer Gesprächspartner.

Wenn Sie in der Kundengewinnung mit dem Instrument eigener Ideen für das Unternehmen arbeiten, ist eine Portion Fingerspitzengefühl erforderlich. Ihre schönste Idee nutzt Ihnen nichts, wenn Sie sie überfallartig in einer unpassenden Situation aus dem Hut zaubern. Präsentieren Sie bitte nicht völlig ungefragt neue Konzepte. Im besten Fall fällt der Same einfach nicht auf fruchtbaren Boden – im schlechtesten Fall verbrennen Sie einen Kontakt. Stellen Sie sich vor, Sie kommen mit einem fantastischen Vorschlag für eine innovative HR-Recruiting-Software und sind förmlich „besoffen" von Ihrer Idee. Leider wurde das Unternehmen, das Sie damit ansprechen, aber gerade an den größeren Konkurrenten verkauft und es werden 300 Leute entlassen. Böse Klatsche! Auch ein gut gemeinter Ratschlag ist halt eher ein Schlag denn ein Rat, wenn er zur falschen Zeit kommt.

Fallen Sie daher mit Ihren guten Ideen nicht mit der Tür ins Haus, sondern ziehen Sie die Schuhe aus und schleichen Sie auf verbalen Zehenspitzen herein: „Frau XY, ich habe mir im Vorfeld unseres Telefonats ein paar Gedanken gemacht und glaube, dass ich zum Thema Z eine gute Idee entwickelt habe. Darf ich Ihnen die kurz skizzieren?"

Wenn Ihr Gesprächspartner das nicht möchte, respektieren Sie das! Immerhin könnte es ja sein, dass er nur im Moment kein Ohr dafür hat. Dann sagen Sie ihm eine kurze Mail zu, mit ein paar Stichworten und einer Überschrift zu Ihrer Idee, damit er sich ein grobes Bild machen kann.

Weniger ist mehr: Zuhören und andere gute Gesprächszutaten

Stellen Sie sich folgende Situation vor: Sie haben regelmäßig ab Gesprächsbeginn die volle Aufmerksamkeit Ihres Gegenübers und es entspinnt sich in aller Regel ein flotter, zielgerichteter Dialog über die üblichen Themen, manchmal auch jenseits dessen. Das stört aber gar nicht, mit derlei Abweichungen von Ihrem Zielkorridor gehen Sie gekonnt um. Aber dann, mitten im Gespräch, steigt Ihnen Ihr Gesprächspartner oft aus. Da reißt irgendwie die Verbindung ab und dann ist das Gespräch relativ abrupt zu Ende.

In solchen Fällen ist es hilfreich, sich damit zu beschäftigen, wie Ihre Art am Telefon herüberkommen könnte. Dem Telefon, das im Grunde so eine alte analoge Technik darstellt, wohnt doch manches Mal ein seltsamer Zauber inne: Wie ein Medium verstärkt es Ihre Stimmungen und Ihre Verfasstheit. Dann ist auch zu merken, wenn etwa die Unsicherheit über die ungewohnte Akquisesituation überkompensiert wird.

Ihre Stimmung wird wahrgenommen.

Ein eher präsenter, dominanter Typ zum Beispiel redet dann vielleicht „leisere" Gesprächspartner einfach unter den Tisch oder bringt „Alphatiere" mit seinem offenen Selbstbewusstsein in die Opposition. Einfache Tricks helfen dabei, solche Wirkungsfallen zu vermeiden. Der Klassiker und das Erste, was viele Leute über das professionelle Telefonieren lernen, ist: Erst lächeln, dann sprechen! Die meisten Kommunikationsregeln gelten übrigens auch gar nicht nur fürs Telefonieren, sondern gehören ohnehin zum Handwerkszeug eines jeden guten Beraters oder Kommunikationskünstlers. Hier seien die wichtigsten Instrumente genannt, die zu einer gewissen Zurückhaltung verhelfen.

70/30-Regel

Erinnern Sie sich an die „Goldene Regel" im Venusbauch? (siehe S. 17 f.) Dort steht: Das Rezept für ein gutes Akquisegespräch besteht zu 70 Prozent aus Zuhören und lediglich zu 30 Prozent aus Reden. So ist es und weil die meisten von uns besonders in Stresssituationen dazu neigen, viel zu viel zu reden, sei Ihnen diese noch mal besonders ans Herz gelegt.

Zuhören

Aktives Zuhören und Paraphrasieren ist wohlbekannt, die einzige Krux ist, dass man es eben manchmal vergisst anzuwenden. Da hilft nur: üben, üben, üben! Was dabei sehr nützt, ist *Mitschreiben*. Wer parallel zum Telefonieren Stichworte notiert, der hört automatisch aufmerksam zu und fährt dem anderen nicht andauernd verbal in die Parade.

Wie ist es bei Ihnen darum bestellt, *Zwischentöne wahrzunehmen*? Aha, klappt im persönlichen Gespräch prima. Gut. Und am Telefon? Ja, sehen Sie, da ist es natürlich ungleich schwieriger, weil uns die gesamte visuelle Beobachtung fehlt. So können Sie Mimik und Gestik nur erahnen und da kann man manchmal danebenliegen. Sie werden aber feststellen, auch das bessert sich rasch. Für den Übergang sei Ihnen daher der nächste Tipp empfohlen.

Spiegeln und nachfragen

Es verhält sich nicht anders als in Beratungen. Ein geschultes Ohr merkt ja sehr schnell, wenn etwas nicht stimmt. In einer normalen beruflichen Situation fliegt man hier ganz intuitiv eine Sicherheitsschleife und das sollten Sie am Telefon auch tun: „Frau XY, höre ich da eine leise Ungeduld in Ihrer Stimme?“ Oder: „Kann es sein, dass Sie gerade in Eile sind – oder sind Sie immer so ein dynamischer Typ?“ Solche und ähnliche Rückfragen sichern uns auf elegante Weise die Aufmerksamkeit unseres Gesprächspartners, falls sie gerade droht, verloren zu gehen. Das kann am Telefon ja schnell mal passieren, denn wir haben ja keine Ahnung, was dort im Raum gerade passiert.

Subtexte lesen

Das ist ein spannendes Thema und vermutlich etwas, was bei Ihnen beruflich intuitiv nebenher läuft. Den Subtext-Klassiker am Telefon kennen Sie sicher auch: „Ja, schicken Sie mir bitte Ihre Unterlagen“, kann auch schon mal im Stillen zu Ende ergänzt bedeuten: „... damit ich jetzt meine Ruhe vor Dir bekomme“.

Im Grunde ist es aber mit allen Vorwänden, Einwänden und Hinderungsgründen ähnlich: Wenn so etwas kommt, ist das Kind oft schon in den Brunnen gefallen. Wir haben aber immer noch die Chance auf eine für alle nützliche Klärung, indem wir unsere Annahme oder Befürchtung verbalisieren und den anderen bitten, sie zu kommentieren. Im Fall des Unterlagenschickens gibt es noch eine andere geschickte Möglichkeit: Bitten Sie Ihren Gesprächspartner, Ihnen möglichst konkret zu schildern, was er sich wünscht. Das bringt das Gespräch oft noch mal in Gang.

Kontakt beenden

Oft hat Ihr Gesprächspartner aber gar kein wirkliches Interesse und kann oder will einfach nicht Nein sagen. Mit so jemandem kämen Sie ohnehin nie ins Geschäft – bloß erfahren Sie es oft erst viele vergebliche Telefonate später. Daher sollten Sie einen Kontakt immer auch auf Erfolgsaussichten prüfen. Irgendwann muss man in der Lage sein, die Reißleine zu ziehen, weil der Aufwand in keinem Verhältnis mehr zum zu erwartenden Ertrag steht. Meine letzte Amtshandlung ist in solchen Fällen meistens ein klares Wort: „Herr XY, wissen Sie, wie lange wir beide nun schon miteinander telefonieren? Hören und staunen Sie: Seit über zwei Jahren! Sie sind mir dabei richtig ans Herz gewachsen, andererseits will ich aber auch zu Ihrer und meiner Zeit gut sein. Was meinen Sie: Haben wir denn überhaupt eine realistische Chance auf eine Zusammenarbeit? Wenn ja, bleibe ich natürlich gern weiter mit Ihnen im Kontakt. Wenn Sie jetzt aber sagen, dass es aus Ihrer Sicht vergebene Liebesmüh ist, dann lassen Sie uns hier voneinander Abschied nehmen. Muss ja nicht für immer sein und wann immer Sie mich brauchen, wissen Sie ja, wo Sie mich finden." Das ist ein sauberer, positiver Schlussstrich, mit dem beide Beteiligten gut leben können.

Tipp!

Spannung in der Haltung gibt Ihrer Stimme Kraft und Schwung und ist in den meisten Fällen anzuraten. Wenn Sie allerdings der Typ sind, der eher droht zu dominant zu wirken, sollten Sie sich im Gegenteil fürs Telefonieren einen entspannenden Platz und eine ebensolche Haltung suchen.

09

Gesprächsabschluss

Das Gespräch ist bis hierhin geschafft, nun wird **auf die Zielgerade eingebogen.**

Was soll überhaupt das Ziel bei Abschluss des Gesprächs sein? Hier geht es um **die Zielfestlegung.**

Und wenn es ein gutes Gespräch gewesen ist, sollten Sie in Betracht ziehen, **Feedback zu geben und zu nehmen.**

Einbiegen auf die Zielgerade

Wie Sie das erste Gespräch elegant beenden und eine tragfähige Basis für später schaffen.

Jeder merkt, wenn sich ein Gespräch langsam seinem natürlichen Ende zuneigt. Das ist in der Akquise nicht anders. Gerade im ersten Kontakt kann es sein, dass Sie eigentlich noch viel mehr Fragen hätten, noch reichlich vorbereitet hatten oder gern noch so einiges von sich zur Schau gestellt hätten. Trennen Sie sich davon, es bringt nichts. Denken Sie daran: Da Sie Ihre Sache offenbar gut gemacht haben (sonst wären Sie nicht bis hierhin gekommen), wird Ihr Gesprächspartner Ihnen mindestens eine weitere Chance für einen zweiten Kontakt einräumen.

Wenn Sie merken, dass es so weit ist, forcieren Sie selbst den Gesprächsabschluss. Warum? Weil man aufhören soll, wenn es am schönsten ist. Eine Prise Appetit, ein Schuss Neugier, ein Hauch Unausgesprochenes darf am Ende eines guten Gesprächs ruhig bleiben, dann bleibt es spannend. Fragen Sie abbindend, ob es noch offene Punkte gibt, und wenn nicht, steuern Sie zielsicher auf den Gesprächsausstieg zu.

> „Ich merke, Frau X., Sie müssen sich jetzt um andere Dinge kümmern. Ich hätte zwar gefühlt noch 1.000 Fragen an Sie, aber das kann warten. Ist es in Ordnung, wenn ich mich ... wann? wieder melde? In drei Wochen? In Ordnung. Bis dahin habe ich mich auch um die versprochene Empfehlung für das Marketingseminar gekümmert.“

Oder:

> „Oh, Herr Z., da haben wir uns jetzt aber ganz schön verplaudert, das tut mir leid. Es war so interessant, mit Ihnen tiefer in XY einzusteigen. Wollen wir uns vertagen? Sie haben sicher viel auf dem Schreibtisch und ich muss noch ... Aber ich freue mich sehr auf unser nächstes Gespräch!“

Die gute Beziehung hat à la longue immer Vorrang, auch, wenn es daran geht, im Gespräch verbindliche Absprachen zu erreichen und den eleganten Ausstieg unter Berücksichtigung aller Höflichkeitsregeln zu finden.

Vielredner gekonnt ausparieren

Mitunter ist es gar nicht so leicht, schließlich eine klare Aussage von Ihrem Gegenüber zu erhalten, mit der Sie dann wirklich an Ihre eigentliche Arbeit gehen können.

Sei es, dass Sie bei ihm einen Nerv schon zu gut getroffen haben – und er sich erst mal ausschüttet wie eine Wasserbombe. „Fast zwanzig Minuten hat mir so ein Personaler das Ohr abgekaut, weil er in seiner Firma auf dem Abstellgleis steht und an keine Budgets mehr rankommt. Sie wissen schon, so ein Gutmensch. Lieb halt, kriegt aber nix bewegt. Aber ich kann ihm da nicht helfen, bin ja nicht Mutter Theresa. Die Zeit hätte ich besser nutzen können!" – so der Bericht einer Beraterin von ihrer Akquiseerfahrung.

Was tun? Nun, ich bin auch nicht gerade von der geduldigen Sorte und wenn ich merke, dass mein Gegenüber kein Punkt und Komma findet, unterbreche ich auch schon mal rüder als sonst üblich: „Herr XY ... Herr XY, HERR XY!" (Das muss man manchmal öfter wiederholen, aber es wirkt: Wenn jemand seinen eigenen Namen öfter und lauter werdend hört, klingt das wie ein Warnsignal. Das kennen wir von frühester Kindheit an und sind darauf geeicht, sofort auf Aufmerksamkeit umzuschalten.)

> „ ... Herr XY, ich unterbreche Sie nur ungern. Aber wir sind da wohl etwas ins Plaudern geraten und beim Blick auf die Uhr habe ich eben gesehen, dass ich gleich in ein Meeting muss. Seien Sie mir nicht böse, wir setzen unser Gespräch gern später fort."

Weg mit windelweichen Wortwechseln!

Nun, gibt es auch andere Fälle, in denen eine klare Vereinbarung zum Ende des Telefonats praktisch nicht möglich ist. Nämlich dann, wenn die Gesprächspartner sich einfach nicht einlassen, nicht „festzunageln" sind und völlig indifferent bleiben. Es ist, als würde man in Watte boxen – und zwingen kann man seinen Gesprächspartner ja leider auch zu nichts. Zunächst gilt auf jeden Fall: *Sog ist besser als Druck*!

> „Wissen Sie, Frau X., mir liegt absolut fern, Sie unter Druck zu setzen. Damit könnte ich Sie ja doch nicht für ein gemeinsames Projekt gewinnen. Helfen Sie mir bitte noch mal: Was ist für Sie jetzt ein guter Abbinder unseres Telefonats? Ich richte mich da ganz nach Ihren Bedürfnissen. Sie sind ja die Kundin – oder sollen es zumindest werden."

Aber auch hier gilt: *Ehrlich währt am längsten*! Lassen Sie Ihren Gesprächspartner wissen, wie es Ihnen mit seiner Unentschiedenheit geht.

> „Herr Y., Sie sehen mich gerade etwas ratlos. Bis vorhin hatte ich den Eindruck, dass wir gut auf einen Nenner kommen. Aber die Gewissheit ist mir gerade abhanden gekommen ..."

Maximal drei Lösungsvarianten anbieten

Bieten Sie von sich aus maximal drei Lösungsvarianten an. Mehr nicht. (Siehe dazu „Etappenziele", S. 70 ff.)

> „Okay, Frau Z., ich sehe schon: Da beiße ich mir jetzt gerade die Zähne an Ihnen aus. Macht nichts, Geduld ist mein zweiter Vorname! Für den jetzigen Schlussmoment hätte ich Ihnen drei Lösungen anzubieten:
>
> a) Wir legen jetzt beide wieder auf und ich melde mich erneut in einem halben Jahr. Wer weiß, was sich bis dahin bei Ihnen getan hat? Ich würde mich nicht wundern, wenn wir dann ganz selbstverständlich einen Schritt weiterkämen.
> b) Ich gebe regelmäßig einen wirklich lesenswerten Newsletter heraus. Keine Werbung, schiere Fachinhalte. Was halten Sie davon, wenn ich Sie in diesen Verteiler einfach mal aufnehme und wir schauen, was sich daraus entwickelt?
> c) Und zu guter Letzt: Im Herbst halte ich einen Vortrag zum Thema XY in Ihrer Nähe. Darf ich Sie heute einfach auf die Einladungsliste setzen? Dann hören Sie nach den Sommerferien per Mail wieder von mir."

Sofern das angemessen ist, können Sie außerdem um Feedback bitten oder geben Sie auch selbst welches – vor allem, wenn Sie tatsächlich Freude dabei hatten, Ihnen etwas überraschend Positives dabei begegnet ist oder Sie zumindest nach ewigen Wiedervorlagen endlich einen Haken an die Sache machen können. Sie können darauf vertrauen: Wenn Ihr Gegenüber Geschmack am Kontakt mit Ihnen gewonnen hat, wird man Ihnen das entweder sofort signalisieren oder auf Sie zurückkommen.

Meine Erfahrung ist: *Sie können einen kaufwilligen Kunden kaum davon abhalten, zu kaufen*!

Auch die Wahrscheinlichkeit, dass sich Frau Z. für eine der ihr angebotenen drei Varianten entscheidet, liegt fast bei 100 %. Nur wenige bitten erfahrungsgemäß an dieser Stelle, den Kontakt komplett einzustellen. Und somit gilt: Neuer Tag, neues Glück. Natürlich nur dann, wenn auch Sie als Anbieter dazu bereit sind. Wenn nicht, gilt schlussendlich: Wer nicht will, der hat schon. Kommt Ihnen weder eine menschliche Geste des Bedauerns noch inhaltliches Commitment entgegen, ziehen Sie sich in aller Klarheit zurück:

„O.K., Frau Y., ich sehe schon – da komme ich heute nicht weiter. Wissen Sie, ich bin sonst berühmt für meine konsequente Gesprächsführung. Aber in Ihnen habe ich meine Meisterin gefunden. In Ordnung, das muss man sportlich sehen. Ich nehme Sie dann hier von meiner Liste und wünsche Ihnen für die Zukunft alles Gute."

Die Zielfestlegung

Wie weit kann ich wohl springen? Wie Sie herausfinden, welche Absprache Sie mit Ihrem Gesprächspartner erreichen können.

Haben Sie eine gute Antenne dafür, wie stark Sie Ihr Gegenüber in einer bestimmten Situation fordern können? Fein, dann ist es ja ganz einfach mit Ihrer Zielfestlegung.

Die deklinieren Sie jetzt mit Ihrem Gesprächspartner durch – und zwar von oben nach unten: Wäre es schon möglich und angemessen, direkt nach einem Auftrag zu fragen? Oder ist schon klar, dass im Moment einfach kein Bedarf herrscht, Ihr Gesprächspartner aber bereit ist, sich zu einem ersten informellen Kennenlernen mit Ihnen zu treffen? (und falls das so ist, vergessen Sie sich nicht zu fragen, ob Sie das auch wollen). Oder haben wir es in diesem Gespräch mit einem der Minimalziele zu tun: Unterlagen schicken, erneute Kontaktaufnahme vereinbaren. Seufz, muss halt auch sein, um den Gott des statistischen Mittels zu befriedigen. ☺ Hier müssen Sie sich nichts aus den Fingern saugen –Sie können einfach nachfragen! So ein „Sack-zumach-Gespräch" kann etwa so klingen:

> „Wissen Sie, Herr X., mir fällt das jetzt nicht eben leicht, aber ich habe mir verordnet, mich ganz konsequent um Termine mit potenziellen Neukunden zu kümmern. Deshalb frage ich Sie ganz geradeaus: Können wir beide uns denn mal zu einem informellen Kennenlernen treffen?"

Das ist eine klare Frage, so wird sicher ein Schuh draus! Und wenn Sie mal jemanden vor sich haben, der vielleicht nicht ganz so viel Offenheit verträgt:

> „Sagen Sie, Frau Y., ich sehe in meinem Kalender gerade, dass ich am 18. ganz in Ihrer Nähe sowieso einen Kundentermin habe. Wäre es in Ordnung, wenn ich Ihnen meine Unterlagen direkt in die Hand drücke? Ich lade Sie dazu natürlich gern zu einem Kaffee ein ..."

Oft macht ja auch die sprichwörtliche Gelegenheit Liebe. ☺

Geht da noch was?!

Wenn ein Gespräch richtig gut verlaufen ist, für den Moment aber wegen fehlenden Bedarfs „brotlos“ bleibt, können Sie noch in eine letzte Offensive starten: Holen Sie sich gleich am Telefon eine Empfehlung! Einige Beispiele aus meiner eigenen Akquisepraxis, derartige Dinge passieren immer wieder:

Eine Frage am Ende kann Sie auf neue Ansätze stoßen.

- Es gibt eine noch nicht ganz spruchreife Planung für ein Beratungs- oder Trainingsprojekt, in das Ihr Leistungsspektrum passen könnte. Aber man denkt schon halblaut darüber nach.
- Sie erfahren, wie die informellen Flüsse im Unternehmen fließen und wann Sie für Ihr Anliegen am besten wen worauf ansprechen sollten.
- In einem befreundeten Unternehmen suchte der Fachkollege kürzlich einen Anbieter und fragte Ihren Gesprächspartner nach einer Empfehlung. Sie erhalten die Kontaktdaten des Suchenden mit der Empfehlung, sich mit ihm in Verbindung zu setzen.

Wie können Sie befördern, dass Sie solche Informationen bekommen? Nun, wenn sich eine derartige Ahnung bei Ihnen ankündigt, gehen Sie auch in einem solchen Fall offen und ehrlich mit Ihrem Gesprächspartner um:

> „Frau Y., unser Gespräch hat meine Vermutung bestätigt: Wir passen anscheinend von unserer Denke her ganz gut zusammen, aber mit einer Zusammenarbeit müssen wir noch warten. Darf ich Sie ganz direkt fragen: Fällt Ihnen sonst jemand ein, der meine Dienste brauchen könnte? ... Vielleicht darf ich Ihnen gleich mal meine Kontaktdaten schicken – für den Fall, dass Sie den gleichen positiven Eindruck haben und mal nach einem guten Projektberater gefragt werden.“

> „Herr Z., haben Sie noch irgendeinen Tipp für mich, wie ich mit meinem Anliegen innerhalb Ihrer Firma weiterkommen kann? Vielleicht macht es Sinn, wenn ich mich noch mal an den Vertriebsleiter wende?“

Tipp!

Wenn Sie von Ihrem Ansprechpartner eine Art Empfehlung bekommen, vergessen Sie nicht zu fragen, ob Sie den Namen Ihres Tippgebers erwähnen dürfen. Nicht, dass Sie ärgerlicherweise Porzellan zerschlagen, wo Sie es am allerwenigsten wollen.

Feedback geben und nehmen

Ein Feedback trägt zu einem professionellen und angenehmen Gesprächsabschluss bei.

Eigentlich sind wir Feedbacks in Akquisegesprächen überhaupt nicht gewohnt und wenn, dann höchstens von Kunden- zu Anbieterseite. Wenn wir aber davon ausgehen dürfen, dass ein Akquisegespräch auf Augenhöhe und im Grunde wie ein Coachinggespräch funktioniert, dürfen wir uns ja fragen: *Muss* das so sein?

Sie werden meine Antwort schon vorhersehen: Ich bin der festen Überzeugung: Nein, muss es nicht! Im Gegenteil: Ein lebendiges, emotionales Gespräch miteinander geführt zu haben, ist aller Ehren wert und wer sich auf einer menschlichen Ebene begegnet ist, darf das zum Ende des Dialogs auch einfließen lassen. Und das gilt selbstverständlich für beide Gesprächspartner!

Das Feedback kann eine positive Wende sein.

Warum nicht in Ihrer Rolle als Anbieter einen Kunden am Ende des Gesprächs mal gezielt um ein Feedback bitten? Glauben Sie mir, es gibt der Sache oft noch eine überraschende Wendung, wenn Sie als Anbieter schon wissen, dass der Mensch am anderen Ende keinen Bedarf hat und Sie ihn fragen:

> „Gut Herr Z., ich habe verstanden, dass Sie mein Produkt jetzt nicht brauchen. Aber sagen Sie: Hatten Sie wenigstens Freude an unserem Telefonat?“

Sie müssen so etwas nicht machen, aber gerade wenn ein Gespräch gegen Ende holpriger wird, können Sie damit das Ruder noch mal umlegen und zumindest emotional punkten. Ähnliches gilt, wenn Sie als Anbieter mal mit einem Feedback rauskommen, mit dem Ihr Gegenüber wahrscheinlich nicht rechnet. Auch dazu möchte ich Ihnen einige Beispiele aus meiner täglichen Praxis aufzählen:

- Liebe Frau Y., das war ein wirklich gutes* Gespräch! Haben Sie vielen Dank dafür!
- Herr Z., mit Ihren Ausführungen ist mir das erste Mal Ihre Situation so richtig klar geworden. Danke dafür, denn nun weiß ich genauer, wie ich den Kontakt mit Ihnen passender gestalten kann.
- In Ordnung, Frau XY, Ihre Botschaft ist angekommen. Wir haben uns jetzt sehr konstruktiv aneinander gerieben und endgültig herausgefunden, dass es mit uns nichts wird. Vielen Dank für Ihre Geduld und Ihr offenes Wort – das ist ja bei der knappen Zeit nicht selbstverständlich.
- Aber auch das darf: Liebe/r Herr/Frau Kunde: You made my day!

* Das allgemeine „gut" können Sie wahlweise ersetzen durch „erhellend", „zielgerichtet", „offen", „konstruktiv" etc. – je nachdem, wie Sie das Gespräch tatsächlich empfunden haben.

10

Praktische Hilfen für die Gesprächsvorbereitung

Vielleicht möchten Sie Ihr Gespräch möglichst genau vorbereiten? Als kleine Hilfestellung finden Sie hier **Formulierungsvorschläge** für die einzelnen Stationen im Gespräch.

Und damit Sie Sicherheit haben, dass vor den Griff zum Telefon auch alle wichtigen Gesprächsinhalte parat sind, können Sie diese **Checkliste für Ihren Anruf** nutzen.

Formulierungsvorschläge

An bestimmten Stellen des Gesprächs können Ihnen diese Formulierungen Sicherheit geben, wenn Sie noch ungeübt sind.

Sozusagen zum Abschluss des Akquisegesprächs, das wir nun gemeinsam durchgegangen sind, fasst diese Übersicht noch einmal zusammen, wie das Gespräch getaktet ist – inklusive der wichtigsten Formulierungsvorschläge. Sie finden diese Tabelle auch unter den Download-Ressourcen. Nutzen Sie diesen Spickzettel doch zur Unterstützung bei Ihrem eigenen Gesprächsaufbau – als Leitfaden brauchen Sie ihn nun nicht mehr. ☺

Phase	Formulierungsvorschlag
Gesprächseinstieg: - Begrüßung - Vorstellung	„Guten Tag, Herr/Frau XY, hier spricht Hein Hinrichsen, Führungstrainer aus Hamburg. Ich würde gerne wegen eines Seminars für Young Professionals Herrn Z. sprechen." Beziehungsweise bei Herrn Z.: „Guten Tag, Herr Z. …"
Legitimation	„… ich habe in meiner Zeitung gelesen, dass Sie zur Nachwuchsförderung gerade eine sehr interessante Kooperation mit der hiesigen technischen Universität eingegangen sind. Ich habe in meinem Portfolio ein Training, das dazu gut passen könnte: ‚Leadership Fitness for Young Professionals'."
Gesprächserlaubnis	„Könnte das eine sinnvolle Ergänzung zu Ihrem Uni-Projekt sein?"
Zielvereinbarung	„Ich beobachte Ihr Unternehmen ja schon länger und hier ergibt sich nun ein erster logischer Anknüpfungspunkt. Jedenfalls hätte ich großes Interesse an einer derartigen Zusammenarbeit mit Ihnen."
Aktuelle Situation	„Würden Sie mir bitte kurz skizzieren, wie da die aktuelle Situation bei Ihnen ist? Meine zweite Frage – unabhängig davon – wäre: Arbeiten Sie überhaupt mit externen Partnern zusammen? Wenn ja, was müsste ich denn tun, um in Ihren Anbieterpool aufgenommen zu werden?"
Fragen und Antworten	Freier Dialog
Neue Lösungsansätze	„Noch ein paar Infos zu dem angebotenen Training: Ich habe es ursprünglich für Firma XY entwickelt, und zwar gleich in Deutsch und Englisch. Der Clou ist, dass wir von Anfang an Lernteams bilden, die sich auch nach dem Training in kollegialer Beratung gegenseitig pushen. Die Idee habe ich aus dem Fußball entlehnt und wenn Sie mögen, schicke ich Ihnen dazu mal ein PDF."
Diskurs + Entscheidung	„Könnten Sie sich so etwas für Ihre Nachwuchsmannschaft vorstellen? Oder braucht es gerade etwas anderes? Eher etwas für die Führungsprofis?" … Freier Dialog

Phase	Formulierungsvorschlag
Klare Vereinbarungen treffen	„In Ordnung, Herr Z. Ich mache Ihnen noch heute eine Mail mit dem Seminar-PDF fertig. Dann können Sie sich in Ruhe ein Bild über die Grundidee machen und wie es für Sie sein müsste, damit es genau passt."
Feedback	„Brauchen Sie von mir im Moment noch irgend etwas? Nein? Gut. Sind Sie zufrieden mit unserem Gespräch? Ihr Feedback ist mir wichtig – schließlich würde ich Sie ja gern als Kunde gewinnen!"
Gesprächsabschluss: – Verabschiedung	„Herzlichen Dank für Ihr Ohr, Herr Z. Schön, dass es mit der Kooperation so gut anläuft – ich würde mich freuen, wenn sie weiterhin erfolgreich ist. Ich würde gerne mein Scherflein dazu beitragen. Ich rufe Ende kommender Woche noch mal bei Ihnen an und bin schon gespannt, wie Ihre erste Einschätzung zu einer Zusammenarbeit aussieht. Einen schönen Tag noch, tschüss!"

Tab.: Formulierungsvorschläge

Checkliste für Ihren Anruf

Eine Checkliste, damit Ihre Vorbereitung übersichtlich wird.

Wenn Sie selber nun einen Wust an Zetteln mit Informationen vorbereitet haben und die Vorbereitung auf Ihr erstes Telefontat unübersichtlich zu werden droht, dann kann Ihnen mit einer einfachen Checkliste geholfen werden. Auch diese Kurzfassung für Eilige mit zehn zentralen Fragen als Vorbereitung für das erste Gespräch mit dem Kunden, finden Sie unter den Download-Ressourcen.

1. Was ver*Anlass*t mich, das Gespräch mit ausgerechnet diesem Unternehmen zu suchen?

2. Was ist das Hauptziel meiner Ansprache?

3. Was ist das Mindeste, das ich erreichen will?

4. Welche Teil-/Etappenziele will ich dem Kunden und mir auf dem Weg zum Hauptziel zugestehen?

5. Welche Fragen habe ich an den Kunden? (Welche Informationen, die für mich wichtig sind, konnte ich in der Vorrecherche nicht herausfinden?)

6. Wofür stehe ich? (Ihr Claim bzw. Ihre Antwort auf die Frage: Worum geht es?)

----

7. Welche meiner Leistungen möchte ich bei diesem Kunden vor allem anbringen?

----

8. Welche klare Verabredung möchte ich mit dem Kunden am Ende des Gesprächs treffen? (siehe Ziele)

----

9. Welche weiterführenden Informationen kann ich dem Kunden nach einem guten Erstgespräch zur Verfügung stellen?

----

10. Wie geht es nach dem guten Erstkontakt weiter? Welche weiteren möglichen Dinge kann ich dem Kunden schon im Erstgespräch in Aussicht stellen? (Damit ist Ihre gesamte „Vermarktungsmaschinerie" angesprochen: Was unternehmen Sie alles, um das Vertrauen des Kunden Zug um Zug zu gewinnen?)

Teil III

Auftrag! ... zur Kundenpflege

Nun ist der Kontakt zum Kunden geknüpft, die Black Box ist gemeistert. Wie es auf den nächsten Stationen Ihres Weges bis zum Auftrag weitergeht, erfahren Sie in diesem Kapitel.

Im Kapitel „Auftrag! ... zur Kundenpflege" geht es um:

11

Die Post nach dem Telefonat .... S. 138

12

Was ist bei einem Angebot zu berücksichtigen? .... S. 145

13

Ausblick .... S. 156

11

Die Post nach dem Telefonat

Bei der zusammenfassenden Nachricht nach dem Telefonat stellt sich die Frage: **E-Mail oder Post?**

Und: **Was muss rein in die Botschaft,** die Sie schreiben?

E-Mail oder Post?

Das Schreiben nach dem Telefonat bedeutet, den guten Ton nachklingen zu lassen.

Eine Frage kommt praktisch in jeder Projektvorbereitung: Müssen wir denn extra noch eine E-Mail hinterherschicken, obwohl wir doch schon ein gutes Telefonat geführt haben? Tut das not? Können wir uns denn diese Mühe nicht sparen? Oder: Bin ich damit nicht doppelt aufdringlich?

Ich bin da sehr klar und sage: etwas Schriftliches? Ja, unbedingt! Und begründe es zweifach:

Das Schreiben stärkt die Erinnerung.

Erstens: Wer schreibt, der bleibt! Auch ein noch so gutes Telefonat verblasst in der Erinnerung des Gesprächspartners im Alltagstrubel recht schnell. Hat er sich jedoch die Mühe gemacht, unsere Mail an geeigneter Stelle abzuspeichern, passiert im Bedarfsfall beides: Er wird uns wiederfinden und sich denken: „Ach, das waren doch die, mit denen ich auch mal so nett am Telefon geplaudert habe. Die haben einen sympathischen und kompetenten Eindruck gemacht.“ Findet er in der E-Mail dann auch noch „sprechende“ Unterlagen (also kurz, präzise und auf den Punkt), haben wir eine gute Chance, dass wir die Auswahlrunde gut überstehen.

Sie geben alle relevanten Informationen.

Zweitens: In einem Telefonat, das in aller Regel nur ein paar Minuten dauert, bringt man beim besten Willen nicht alles unter, was man gern sagen möchte. Wenn Sie schon während des Telefonats davon ausgehen, dass Sie diese Mail schreiben werden, können Sie im Gespräch entspannt bleiben. Und im besten Fall schon ganz en passant einflechten, dass Sie diesen oder jenen Punkt jetzt im Telefonat aus Zeitgründen nicht näher ausführen und stattdessen nachsenden. So kann sich Ihr Ansprechpartner später in Ruhe ein eigenes Bild darüber machen.

Nun stellt sich die nächste Frage, vor der viele oft ratlos stehen. Soll es eine E-Mail sein oder doch ein Brief? Dazu nun ein paar nützliche Handreichungen, die Sie gleich fürs nächste Mal nutzen können:

Grundsätzlich gilt: Beides geht, beides hat Vor- und Nachteile. Meist ist es am besten, sich danach zu richten, wie der Kunde es lieber mag. Wer am Telefon ergebnisoffen danach fragt, hört mittlerweile meist, dass E-Mails bevorzugt werden. Nur noch selten sagt ein Assistent, dass er seinem Chef alles ausdruckt, was der lesen soll. Dann können Sie natürlich ganz service-minded sagen, dass Sie ihm gern auch gleich die Infos per Post senden, dann erspart er sich das Ausdrucken. Für diese kleine Aufmerksamkeit sind viele überraschend dankbar und Sie zeigen außerdem, dass Sie mitdenken.

Die E-Mail ist – anders als Post – gut zu unseren Bäumen und kostet kein Porto. Dafür ist sie aber nicht so hochwertig und geht gegebenenfalls schneller mal verloren. Im Prinzip ist sie aber die „leichtfüßigere" Variante, die Botschaft zu überbringen.

Vorhandenes Material nicht vergessen

Anders gewichtet sich die Frage, wenn Sie ohnehin 2.000 Exemplare einer teuren Hochglanzbroschüre produziert haben. Jede Broschüre ist ja nur so gut, wie sie verlässlich unter die Leute kommt. Verstaubt sie in Ihrem Regal, ist sie totes Kapital. Also raus damit! Am Telefon geht das so: „Wie hätten Sie die Infos denn gern? Ich kann Ihnen natürlich jederzeit eine kurze Mail schicken. Allerdings habe ich auch eine sehr schicke, hochwertige Broschüre, die Ihnen einen sehr schönen ersten Eindruck von uns beschert. Quasi unser Unternehmen ‚zum Anfassen' – darf ich Ihnen die per Post schicken?"

Was muss rein in die Botschaft?

Wie Sie in einer zusammenfassenden E-Mail genauso professionell wie am Telefon informieren.

Einerlei, ob Sie einen Brief oder eine Mail formulieren, Ihnen sei dazu die bewährte AIDA-Struktur ans Herz gelegt, mit der Sie in den meisten Fällen ganz gut über die Runden kommen werden:

- **Attention**: Einleitend schreiben Sie jeweils ein bis drei Sätze, die sich konkret auf das individuelle Gespräch beziehen, wie Sie es mit diesem Ansprechpartner geführt haben. Da darf gerne noch mal der Anlass auftauchen, wenn er sich im Telefonat als brauchbares Positivum erwiesen hat. Einige Beispiele finden Sie auf der nächsten Seite.
- **Interest**: Formulieren Sie ein paar (nicht mehr als fünf) Kernaussagen zu Ihnen und Ihrem Business. Die können Sie im Grunde fast immer unverändert benutzen.
- **Desire**: Formulieren Sie jetzt noch mal die Lösungen, die Sie im Gespräch angeteasert haben, gegebenenfalls wiederholen Sie auch hier den Vorschlag noch einmal, der Ihrem Gesprächspartner am besten gefallen hat. Oder Sie formulieren einen komplett neuen, der Ihnen erst nach dem Gespräch eingefallen sein kann: „Ich habe noch einmal über unser Gespräch nachgedacht und dazu ist mir noch Folgendes eingefallen: ..."
- **Action**: Zum Schluss wiederholen Sie die konkrete Vereinbarung, die Sie schon am Telefon getroffen haben oder – falls das nicht so eindeutig passiert ist – packen Sie die Gelegenheit jetzt beim Schopf und benennen einen konkreten Zeitpunkt oder -raum, an dem Sie sich wieder melden (und gegebenenfalls sogar schon, was Sie dann fragen werden).

So bekommen Sie auf ganz natürliche, quasi organische Weise die Legitimation für das nächste Gespräch und haben mit der Mail sogar einen „Quasi-Beweis" dafür. Das dürfte sich vor dem nächsten Anruf für Sie ziemlich gut anfühlen!

Die Basis für den nächsten Anruf schaffen.

Gute Beispiele aus der prallen Praxis:

> Sehr geehrte Frau XY,
> vielen Dank für das angenehme Telefonat und Ihr offenes Ohr für unseren Vorschlag ABC. Hier kommt wie zugesagt das schriftliche Infomaterial dazu und wir bedanken uns im Voraus, wenn Sie es auch an Ihre Fachkollegin, Frau Z. weiterleiten. Im Anhang finden Sie ....

> Sehr geehrter Herr XY,
> haben Sie vielen Dank für das angenehme Telefonat gestern. Schön zu hören, dass Ihr Unternehmen in Sachen [Ihr Angebot] so fortschrittlich denkt. Dann können wir – Ihr Einverständnis vorausgesetzt – ... [was ist der nächste Schritt?]

Oder so – für den Sonderfall, dass Sie eine Mail an jemanden senden, den Sie nicht persönlich gesprochen haben:

> Sehr geehrte Frau XY,
> über Ihren Assistenten, Herrn Z., haben Sie um Vorabinformationen zu unserem Telefonat in der kommenden Woche gebeten. Diesem Wunsch kommen wir selbstverständlich gerne nach. Wir haben heute den telefonischen Kontakt zu Ihnen gesucht, weil ... [hier kommt wieder Ihr Anlass ins Spiel]

Oder:

> Sehr geehrter Herr XY,
> Sie sind offenbar ein gefragter Mann, denn wir können Sie telefonisch leider nicht erreichen. Daher senden wir Ihnen unseren Vorschlag nun auf elektronischem Weg, mit der herzlichen Bitte, zu prüfen, ob unser Vorschlag ABC für Ihr Haus eine sinnvolle personalstrategische Maßnahme sein kann.
>
> Unsere Vorüberlegung sah so aus: ... [hier kommt wieder Ihr Anlass]

Was kommt in den Anhang?

Es ist zwar eine Plattitüde, aber der guten Vollständigkeit halber sei gesagt, dass Ihre schriftlichen Botschaften natürlich immer Referenzobjekte für Ihre Seriosität, Ihre Kompetenz und Ihren Auftritt als Anbieter überhaupt darstellen. Sorgen Sie also am besten dafür, dass Sie die Anhänge in Ruhe schon vor der Telefonaktion vorbereiten können. Aber welche sind das?

Werben Sie am Telefon für eine konkrete Veranstaltung oder ein konkretes Produkt wie ein offenes Seminar, beziehen sich die Anhänge idealerweise im Schwerpunkt darauf. Zum Beispiel eine Vortragseinladung mit einer Beschreibung zu dessen Ziel und Inhalt. Oder eine Seminarbeschreibung nebst Anmeldeformular mit Termin, Ort, Kosten etc.

Was immer geht, ist ein aussagekräftiges Trainer- oder Coachprofil und eher allgemein gehaltene Firmenbroschüren oder Flyer. Dies alles immer im unveränderbaren PDF-Format und – wer hätte es nicht schon vermutet – in aller Knappheit und Präzision.

Noch ein paar Tipps mit auf den Weg

So findet auch Ihre schriftliche Konversation mit Augenmaß statt.

- Klären Sie möglichst genau schon im Telefonat, welche Informationen für Ihren Gesprächspartner in welcher Form am nützlichsten sind und richten Sie sich bestmöglich danach.
- Aber auch hier gilt Courage: Ehe Sie stundenlang etwas Neues zusammenstellen, greifen Sie auf Vorhandenes zurück, wenn es halbwegs passt.
- Fast noch wichtiger als die Qualität der Unterlagen, ist oft Tempo und Ihre Zuverlässigkeit. Wenn Sie eine Mail zusagen, sorgen Sie auch für ihren Versand. Keine Sorge, Ihre Nachricht muss dem Gespräch nicht atemlos hinterherhecheln. Sie sollte aber auch nicht länger als drei Werktage liegen bleiben, denn das würfe ein schlampiges Licht auf Sie.

… und zum Abschluss Trost und Hoffnung

Eine Rückmeldung bekommen Sie meist erst bei Bedarf.

Der Trost: Bitte rechnen Sie im Normalfall nicht mit einer Antwort auf die Mail, meist wird sie nur abgelegt. Aber verlassen Sie sich darauf, dass Ihr Kunde sich bei Bedarf bei Ihnen melden wird, wenn Sie in Telefongespräch und Mail eine gute Vorarbeit geleistet haben. Das kann übrigens auch Jahre später noch der Fall sein.

Und die Hoffnung: Wenn der erste Kontakt am Telefon so richtig gut läuft, mündet er in die Chance, sofort ein Angebot abgeben zu können. Das ist – das wissen Sie aus Ihrer Praxis gewiss auch – ein recht seltener Fall (er liegt etwa bei 1:2.000, s. S. 70). Dennoch, es gibt ihn, diesen Glücksmoment, wenn der Kunde sagt: „Verrückt, dass Sie gerade jetzt anrufen, aber ich befasse mich wirklich gerade mit diesem Thema. Können wir dazu ein Angebot von Ihnen kriegen?"

12

Was ist bei einem Angebot zu berücksichtigen?

Mind the Gap: In Ihrem Auftragsprozess haben Sie es nicht nur mit einem Kunden, sondern sozusagen mit den **Heiligen Drei Königen** zu tun. Dabei können Sie auf **drei Fallen** stoßen, die leider auch für das schönste Angebot gelten. Hier erfahren Sie, wie Sie damit umgehen.

Möchten Sie den Auftrag haben, dann lesen Sie hier, was alles in **das unwiderstehliche Angebot** gehört, zu dem Ihr Kunde nicht Nein sagen kann.

Um sicherzugehen, werfen Sie zum Abschluss doch einen Blick in das **Fazit: Was gehört alles in ein Angebot?**

Die „Heiligen Drei Könige" bei Ihrem Auftrag

Wenn Sie Ihren Auftrag formulieren, müssen Sie das mit Hinblick auf mehrere Interessenpositionen im Unternehmen tun.

Ist er da, der Moment, dann haben Sie einiges richtig gemacht! Zunächst: Herzlichen Glückwunsch! Nun gilt es also, ein so „leckeres" Angebot zu formulieren, dass Ihr Kunde praktisch gar nicht Nein sagen kann. Dazu möchte ich Ihnen als krönenden (und motivierenden! ☺) Schluss dieses Buches noch ein „Kochrezept" mit auf den Weg geben. Zunächst erfahren Sie, was Sie grundsätzlich beachten müssen. Wenn es dann konkret an den Aufbau eines Angebots geht, kommt mit Manfred Meyer ein Experte auf dem Gebiet und einer meiner wichtigsten und engsten Kooperationspartner zu Wort.

Personaler, Budgetgeber und Management sprechen mit.

Vielleicht kennen Sie das, weil Sie schon öfter vor der Frage standen: Wer ist denn nun eigentlich mein Kunde: der, der mich beauftragt? (meist der Personalverantwortliche oder in Konzernen der Einkauf)? Aber ist das auch der Budgetgeber? Oft nicht, denn das kann ebenso gut der Fachabteilungsleiter oder ein Geschäftsführer oder Vorstand sein. Und schließlich, sozusagen am Ende der Nahrungskette, gibt es den oder die Nutznießer Ihrer Leistung, all die Seminarteilnehmer, Coachees und alle anderen operativ Tätigen, die von Ihrem Wirken im Unternehmen profitieren.

Wenn es also stimmt, dass der Kunde König ist, haben Sie es sozusagen gleich mit den „Heiligen Drei Königen" zu tun. Das kann für Sie als potenzieller Auftragnehmer zu Verwerfungen führen, denn diese unterschiedlichen Schlüsselfiguren verfolgen bei der Auftragsvergabe jeweils unterschiedliche Ziele und nehmen verschiedene Aufgaben wahr.

Der Geschäftsführer oder Vorstand will, dass sein Unternehmen erfolgreich ist, dass seine Firma funktioniert. Deshalb – so seine mehr oder weniger explizite Erwartung – mögen bitte auch die Mitarbeiter funktionieren, also das tun, was zum Unternehmenserfolg beiträgt. Dafür kauft er Maßnahmen ein – und zwar sowohl die Wartung seiner Maschinen und anderer Produktionsmittel als auch Training für das „Human Capital", oder gibt nach Prüfung zumindest das grüne Licht dafür.

Wie Ihr Training im Detail aufgebaut ist, interessiert ihn dabei herzlich wenig, dafür hat er den Profi in Person des Personalers. Der wiederum möchte sichergehen, dass er im Kosten-Nutzen-Vergleich mit Ihnen den besten Anbieter für die Maßnahme bekommt, den er bekommen kann. „Bester" heißt für ihn, dass ihm nach dem Training sowohl die zufriedenen Teilnehmer auf die Schulter klopfen als auch der Controller, weil er das Honorar als angemessen empfindet. Zu guter Letzt haben die Teilnehmer als Ihre eigentlichen, unmittelbaren Kunden das berechtigte Interesse, dass sie in Ihrer Veranstaltung viel lernen, vielleicht sogar Spaß haben, dass Sie als Trainer ihre Sorgen und Nöte verstehen und aus Ihrer reichen Praxiserfahrung gangbare Lösungen aufzeigen können.

Allen diesen unterschiedlichen Erwartungen gerecht zu werden, ist schwer – aber schaffbar. Was bedeutet es nun konkret für das Ausformulieren Ihres Angebots?

Drei Fallen

Leider kann sich auch das schönste Angebot als Falle herausstellen – lesen Sie, wie Sie damit umgehen.

Gibt es überhaupt Bedarf an Ihrem Angebot?

▶ Es gibt gar keinen realen Bedarf! Oder anders formuliert: Es gibt nicht den Bedarf an Ihrem Angebot. Das passiert gelegentlich, wenn die Einkaufsbedingungen vorsehen, dass nun einmal zu jedem Auftrag drei Angebote eingeholt werden müssen. Zwei gibt es schon und wer den Zuschlag bekommt, steht auch längst fest. Da täte es doch einfach gut zu wissen, dass man hier nur das fünfte Rad am Wagen ist.

Fragen Sie kritisch und selbstbewusst nach, wenn Ihnen so etwas schwant! Sie können sich ja immer noch entscheiden, Ihrem Gesprächspartner zu helfen und ihm ein Angebot zu schicken. In dem Fall bietet es sich an, dass Sie dafür ein fertiges nehmen, um keine Arbeit damit zu haben.

Haben Sie verlässliche Informationen?

▶ Am Thema vorbei, 6, setzen: Das passiert, wenn Sie eben nicht genug Informationen vorab bekommen haben. Zum Beispiel, weil Sie nicht die Chance hatten, mit den richtigen Leuten zu sprechen. Sie würden sich wundern, wie anders das Briefing klingen kann, wenn man mit demjenigen spricht, der für dieses Projekt auch den Hut aufhat.

Seien Sie ruhig auch hier hartnäckig und fragen Sie sich so lange durch, bis Sie verlässlich die Informationen haben, die Ihnen den Weg zum passenden Angebot weisen.

Sind Sie dem Entscheider bekannt?

▶ Der Entscheider kennt Sie nicht – fehlender Nasenfaktor! Das unterschätzen die meisten meiner Kunden dramatisch. Die Substanz eines Angebots und erst recht dessen Form werden immer auch durch die Brille der persönlichen Verbindung gelesen. Und die ist immer das stärkere Argument! Mit anderen Worten kann es Ihnen durchaus passieren, dass Sie fachlich gesehen das mit Abstand bessere Angebot gemacht haben – trotzdem bekommt den Zuschlag der, der schon vorher mit dem Vorstand zu tun hatte. Ärgerlich!

Jedoch können Sie diese Ungerechtigkeit kaum aus der Welt schaffen – mit einer Ausnahme: über das Honorar. Das klingt vielleicht verrückt, aber der Preishebel ist meines Wissens der einzige, der den Nasenfaktor erfolgreich aushebeln kann. Nur für den Fall, dass Sie es überhaupt können, weil Ihnen diese Informationen vorliegen: Prüfen Sie sich sorgfältig, ob Sie das wirklich wollen!

Nur der Preis übertrifft den Nasenfaktor.

Das unwiderstehliche Angebot

... zu dem Ihr Kunde nicht Nein sagen kann.

Von Manfred Meyer

Ein gutes Angebot ist ein wichtiger Bestandteil in Ihrer Auftragsakquise. Sie legen damit den Grundstein für die im positiven Fall darauffolgende Auftragsverhandlung. Auch wenn es bis zum endgültigen Auftrag noch Veränderungen und Anpassungen geben kann, sollte mit Ihrem Angebot der Kunde alle relevanten Informationen in den Händen halten.

Aber eigentlich beginnt die Arbeit an einem Angebot schon viel früher, nämlich bei der Informationsbeschaffung oder anders ausgedrückt, bei der Auftragsklärung beim Kunden: Die hier investierte Zeit zahlt sich am Ende immer aus. Denn: Die Qualität und damit die Attraktivität eines Angebots im Auswahlprozess bemessen Unternehmen und Entscheider im großen Umfang an der „Passgenauigkeit", der (individuellen) „Anpassung" an die vorhandene betriebliche Realität/Problemstellung.

Ein Angebot von der Stange, aus der Schublade, geht eigentlich gar nicht. Der Kunde wünscht mit Recht, dass sich ein Training, ein Coaching, eine Beratung an der betrieblichen Realität orientiert und nicht nur durch Austauschen des Firmennamens angepasst wird. Firmen im deutschsprachigen Wirtschaftsraum räumen diesem Aspekt erfahrungsgemäß einen hohen Stellenwert ein.

Im Vorfeld sind daher immer die drei großen Ws zu klären: *Was* soll mit *wem* zu *welchem* Zweck oder Ziel durchgeführt werden? Oder anders gesagt: Was soll nach dieser Maßname anders, besser sein?

Erst wenn Ihnen der Kunde diese Fragen befriedigend beantwortet hat, können Sie ein gutes, erfolgreiches Angebot unterbreiten. Daneben ist es natürlich auch sehr nützlich, zu wissen, ob es im Vorfeld schon Aktivitäten gegeben hat, die im Angebot berücksichtigt werden können. So können Sie auf Vorhandenem aufbauen, Wiederholungen vermeiden und Gescheitertes gar nicht erst in Erwägung ziehen.

Tipp!

Wenn Sie das Gefühl haben, dass Ihr Ansprechpartner die Fragen nicht erschöpfend beantworten kann, beharren Sie freundlich, aber bestimmt darauf. Vielleicht müssen Sie ja mit jemand anderem, kompetenterem reden? Sonst fehlen Ihnen vielleicht am Ende die entscheidenden Informationen und Ihr Angebot kommt nicht zum Zuge.

Sammeln Sie also so viele Informationen wie möglich. Sie werden sehr viel davon für Ihr überzeugendes Angebot brauchen. So vorbereitet kann es an die Angebotserstellung gehen.

Beginnen wir mit der Struktur und der Gestaltung. Das ist der rote Faden an dem Sie dann im zweiten Schritt Ihre Inhalte anbinden. So bleiben Sie immer bei der Sache und konzentrieren sich auf des Wesentliche: SIE haben die Lösung für den Kunden in dieser ganz speziellen Situation!

Grundlegende Gestaltung

Hier werden folgende Prinzipien berücksichtigt:

- Erst einmal gehören Ihre Kontaktdaten auf jede Seite des Angebots an möglichst prominente Stelle. Richten Sie sich das z. B. in der Kopf- und/oder Fußzeile ein (oder jeden anderen Platz im Dokument, der Ihnen sinnvoll erscheint). Falls vorhanden, gehört da natürlich Ihr Logo zu. Sie machen es damit jemanden ganz einfach, den Kontakt mit Ihnen aufzunehmen und gleichzeitig prägt sich beim geneigten Leser Ihr Name (mit Logo) viel besser ein.

- In der Regel sollte das Angebot in einer gut lesbaren Schriftart dargestellt sein. Exoten sind da eher ungeeignet. Grafiken und Bilder gilt es nur da einzusetzen, wo sie Inhalte komprimiert oder übersichtlicher darstellen. Wo sie also nach dem Motto „Ein Bild (Grafik) sagt mehr als tausend Worte“ den Text wirksam unterstützen.

- Wenn es umsetzbar ist, dann binden Sie am Anfang (in der Anrede) das Logo des Kunden in den Angebotstext ein.

- Nutzen Sie eine klare Gliederung und fassen Sie sich so kurz wie möglich. Die Länge, also der Umfang Ihres Angebots, sollte mit dem

Gegenstand korrespondieren. Ein Zwei-Tages-Training sollte sich beispielsweise auf max. zwei DIN-A4-Seiten (Schriftgröße zehn bis zwölf) präsentieren lassen.

Struktur der Inhalte

Kommen wir nun zur Struktur der Inhalte, dafür bietet sich folgendes Vorgehen an:

- Wer bin ich?
  Hierzu sollte die Vorstellung sehr kurz sein, das heißt, sie sollte nur ein bis zwei Sätze umfassen. Zum Beispiel so: Hans Mustermann, 47 Jahre alt, seit 2005 selbstständiger Trainer für Kommunikation und Präsentation, Dipl.-Kaufmann und Business-Trainer mit Diplom.

- Was ist der „Auftrag"?
  Hier gehören die Informationen des Kunden hinein, die er Ihnen als Antworten auf die bereits genannten drei großen Ws gegeben hat (siehe S. 150).

- Was bieten Sie warum/mit welchem Ziel an?
  Hier machen Sie nun das inhaltliche Angebot an den Kunden. Dabei berücksichtigen Sie natürlich explizit alles, was Sie im Vorgespräch erfahren haben und geben dem ganzen eine Struktur. Sie bieten dem Kunden beispielsweise ein zweitägiges Training an. Dann beschreiben Sie dem Kunden, was an diesen zwei Tagen sinnvoll aufeinander aufbauend geschehen soll. Sie benennen die zum Einsatz kommenden Mittel und Methoden und liefern unter Umständen eine kurze Begründung für Ihre Entscheidung für dieses Mittel oder jene Methode.

- Was wird das kosten?
  Im günstigsten Fall haben Sie im Vorgespräch mit dem Kunden abgeklärt, wo deren Preisvorstellung liegt. Sie wollen zu diesem Preis anbieten? Dann nennen Sie Ihren (passenden) Preis: ein Betrag zzgl. MwSt. exkl. Auslagen, Reisekosten, Materialien etc.

  Das Gleiche gilt aber auch, wenn Sie das Preisniveau noch nicht geklärt haben: Dann ist hier Ihr „üblicher", „betriebswirtschaftlich auskömmlicher" oder „der den Anforderungen des Kunden angemessene" Preis zu nennen.

- Darüber hinaus gehören hier alle anderen relevanten Angaben, z. B. Bindungsfrist, Storno, AGB, EU-Richtlinie für Dienstleister etc. hinein.

Mit dieser Gliederung haben Sie in der Regel in Ihrem Angebot alle für den Kunden relevanten Fragen beantwortet und damit die Fakten für seine Entscheidungsfindung (zu Ihren Gunsten) geliefert. Darüber hinaus kann Ihr Angebot von dieser Struktur abweichen bzw. erweitert werden. Bei einem neuen Kunden kann es natürlich hilfreich sein, dass Sie einen Punkt mit Referenzen oder Ihren weiteren Qualifikationen einfügen.

Außerdem kann es sich ergeben, dass Sie dem Kunden nicht nur einen, sondern alternativ mehrere Vorschläge machen wollen. Vergessen Sie in diesem Fall nicht auch an diese Alternativen jeweils ein Preisschild zu hängen. Der Kunden sollte erkennen können, was ihn der Auftrag in der Variante 1, 2 oder 3 etc. kosten würde.

Zum Schluss noch vier Anregungen:

- Wo möglich, strukturieren Sie Ihr Angebot so, dass sie einen Komplettpreis anbieten. Bei den angebotenen Varianten würden dann jeweils Teile entfallen, was einen entsprechend niedrigeren Preis in den „abgespeckten“ Varianten zur Folge hätte.
- Widerstehen Sie an diesem Zeitpunkt der Versuchung, mit Rabatten o. Ä. punkten zu wollen! Sie haben Ihren Preis und den sind Sie wert. Rabatte werden nur nach zähen Verhandlungen mit beiderseitigen Zugeständnissen in wenigen Ausnahmefällen einmalig eingeräumt. Das sollte Ihr Mantra sein.
- Bedenken Sie, dass unter Umständen mehrere Personen Ihr Angebot lesen und bewerten, die mit PE/HR-Themen nicht häufig zu tun haben. Bleiben Sie auch für Fachfremde verständlich und prägnant. Legen Sie Wert auf die Dinge, die auch ein Laie versteht: Benutzen Sie allgemeinverständliche Begriffe, achten Sie auf kurze und prägnante Formulierungen sowie auf eine klare Struktur.
- Hinweise auf Ihre Referenzen, Qualifikationen oder Branchenkenntnisse sollten nie gänzlich fehlen. Verzichten Sie dafür lieber auf eine ausführliche Darstellung von Ihnen als „Anbieterpersönlichkeit“. Dafür ist zu einem späteren Zeitpunkt ausreichend Gelegenheit.

Wenn Sie Ihre Kompetenz auf diese Weise gut sichtbar in ein Angebot gegossen haben, sollte Ihrem nächsten Auftrag nichts mehr im Wege stehen.

Eigene Überlegungen hinter dem Angebot

Haben Sie Ihr Angebot fertiggestellt, dann lassen Sie sich doch noch einmal durch den Kopf gehen, wie Sie sich damit positionieren.

Ein sehr wichtiger Punkt für Ihren Auftraggeber und für Sie ist der Preis. In Ihrem Angebot haben Sie Ihre Honorargestaltung transparent dargelegt, sodass auch Ihr Kunde Ihren Preis verstehen und ihn gegebenenfalls auch gegenüber kritischen Nachfragen aus der Controlling-Abteilung „verteidigen" kann. Idealerweise haben Sie auch an eine abgespeckte Variante zum alternativen, niedrigeren Preis gedacht.

Die angemessene Preisspanne

Nun sind aber in der Frage, in welcher Spanne sich ihre Preise überhaupt bewegen sollten, Weiterbildner hin und wieder unsicher. Sie können sich aber dagegen absichern, Ihre Leistung ohne Not unter Wert zu verkaufen, oder den Preis so hoch anzusetzten, dass der Auftrag ausbleibt. Eine zuverlässige Referenz für die eigene Standordbestimmung sind Marktumfragen. Der Verlag managerSeminare etwa veröffentlicht alle drei Jahre eine „Honorar- und Gehaltsstudie Trainer, Berater, Coachs", die einen sehr guten Einblick in aktuell übliche Honorare gibt (*www.managerseminare.de/tb/tb-11704*).

Cross-Selling

Als Anbieter zählen für Sie natürlich auch mögliche Folgeaufträge, die aus dem Auftrag resultieren könnten. Auch wenn es noch nicht im Angebot stehen mag, so profitieren Sie doch davon, sich vorab Gedanken zu machen. Könnten Sie aus heutiger Sicht schon – zumindest holzschnittartig – eine mittelfristige Perspektive entwerfen, wie die Zusammenarbeit nach diesem aktuellen Trainingsbedarf aussehen kann?

Ein Beispiel aus einer Vielzahl von Möglichkeiten ist die sogenannte Verkaufstreppe, mit der Sie Ihre Kunden langsam aber sicher von einfacheren, niedrigpreisigeren an hochpreisige Angebote heranführen. Bezogen auf die Weiterbildungsbranche wird sie etwa in dem Buch „Die Magie der unternehmerischen Persönlichkeit" von Positionierungscoach Heide Liebmann beschrieben. Möglich ist es ebenso, bereits einen für den Kunden nützlichen regelmäßigen Kontakt einzuplanen, zum Beispiel eine Art regelmäßiges Protokoll nach internen Seminaren. Weitere Beispiele nennt unter anderem der Marketingexperte Bernhard Kuntz in seinem Buch „Fette Beute für Trainer und Berater".

Formulierungshilfe mit Spaßfaktor

Sie merken vielleicht schon, gedanklich wechseln wir damit bereits in die Zeit über, die als „Nachsorge" bezeichnet wird (vgl. die Beschreibung der Phasen des Verkaufsprozesses auf S. 13). Bevor wir jetzt mit einem Ausblick dorthin übergehen, gibt es zuvor noch eine kleine Anregung, mit der Sie noch einen letzten, humorvollen Blick auf Ihr ausformuliertes Angebot werfen können. Im Internet gibt es ein witziges Tool, das Ihnen hilft, zu entscheiden, ob Ihre Texte substanziell formuliert sind oder viel Wortgeklingel und Beratersprech enthalten: Das Blabla-Meter. Der Name ist Programm und Sie finden es hier: *www.blablameter.de*. Ein herzlicher Dank an Ilse Burisch aus Frankfurt, die das Tool im Netz kostenlos zur Verfügung stellt und an Bernd Wurm, der es entwickelt hat.

13

Ausblick

Mit dem Akquisetelefonat ist Ihr **erster Aufschlag geglückt – und was kommt jetzt?**

Ein Blick auf die Kundenreise zeigt, warum ein Akquiseanruf allein nicht ausreicht, um den Kunden für sich zu gewinnen.

Damit sind wir schließlich **am Ende unserer Reise angekommen: Jetzt sind Sie dran!**

Erster Aufschlag geglückt – und jetzt?

Was die „Inkubationszeit" für Sie bedeutet.

Nun, lieber Leser, sind Sie mit Herrn Hinrichsen und mir tapfer durch dick und dünn gegangen – und doch haben wir in der Regel zunächst nicht mehr als „nur" einen allerersten Kontakt zum Kunden hergestellt. Wenn dieser erste Kontakt so richtig gut läuft, mündet er in die Chance, sofort ein Angebot abgeben zu können. Wie Sie sich erinnern, passiert das bei etwa einem von 2.000 Erstkontakten. Sehr viel häufiger ist der andere Fall, nämlich dass der Angerufene zwar nicht per se uninteressiert ist, aber im Moment einfach keinen Bedarf hat. Das heißt, er hat momentan keine Möglichkeit, Ihr Angebot für gut (oder eben nicht gut) zu befinden, weil ihm schlicht der konkrete Praxisbezug fehlt, um Ihr Angebot mit seinem Bedarf zu „matchen".

Häufig besteht der Bedarf nicht im Moment.

Um diese – rein statistischen – 1.999 potenziellen Kunden müssen wir uns besonders kümmern, denn ein jeder davon trägt das Potenzial in sich, mal zum richtigen Kunden zu werden – und die Kristallkugel, die zeigt, welcher es am Ende wird, hat leider noch keiner erfunden. Kümmern müssen (und wollen!) wir uns auch so lange, bis der Bedarfsfall tatsächlich eintritt – und das kann in unserem Segment eine ganz schön lange Zeitspanne von mehreren Monaten bis zu einigen Jahren sein.

Während dieser Phase besteht unsere Aufgabe als Anbieter darin, den Kunden so liebevoll und unaufdringlich weiterzubetreuen, dass er uns weder ganz vergisst noch sich von uns bedrängt fühlt. Keine ganz leichte Aufgabe, eine Wanderung auf einem schmalen Grat, diese Erfahrung haben Sie bestimmt auch schon gemacht. Es kommt dem Halten einer gewissen Grundspannung gleich. Zu viel „Fürsorge" lässt den zarten Faden reißen, der Sie mit Ihrem Kunden verbindet und wer zu selten oder gar nicht von sich hören lässt, gerät wieder in völlige Vergessenheit. Diese Phase wurde bereits als „Inkubationszeit" beschrieben (s. S. 13) und sie ist besonders wichtig, weil in ihr der Kunde lernt, dass er uns vertrauen darf – und warum. Wenn, ... ja *wenn* wir unsere Sache gut machen.

Ausblick

Hier kommt meine zweite Gastautorin ins Spiel, Kerstin Boll. Sie wurde schon das eine oder andere Mal erwähnt, denn sie ist seit über acht Jahren eine sehr geschätzte und enge Kooperationspartnerin. Wenn wir uns gemeinsam vorstellen, tun wir das so: Angelika Eder ist die Frau fürs Telefon und Kerstin Boll ist die Frau für die Tastatur. Sie schreibt Ihnen unverwechselbare Texte auf den Leib, sei es für Ihre Website, in den Social-Media-Kanälen oder in klugen Fachartikeln für Ihre PR. Und sie ist diejenige mit dem langen Atem, wenn die schönen Worte aus meinem ersten guten Telefonat mit dem Kunden längst verklungen sind. Sie wird Ihnen im folgenden Abschnitt auseinandersetzen, wie Sie genau den richtigen Spannungsbogen zu Ihrem Kunden aufrechterhalten und was alles an Werkzeug dazu gehört. Nicht zufällig heißt dieses Kapitel „Die Kundenreise", denn eine solche ist es – und auf dieselbe laden wir Sie nun herzlich ein.

Die Kundenreise

Weshalb es keinen Sinn hat, nur eine Anzeige zu schalten, nur einen Anruf zu tätigen.

Von Kerstin Boll

Stellen Sie sich vor: Sie haben einen langen Trainingstag hinter sich. Die Teilnehmer waren störrig, Sie sind zurück in Ihrem Hotel und reif für einen Absacker. Ganz gegen Ihre Gewohnheit gehen Sie also in die Hotelbar. Sie sitzen eine Weile herum und dösen, bis ein junger Mann die Treppe gegenüber herunterkommt. Er geht auf die Bar zu – und bleibt abrupt stehen: Er hat die wunderschöne junge Frau entdeckt. Ein Bild von einem Mädchen. Auch Sie hatten ihr schon heimlich einen bewundernden Blick zugeworfen.

Den jungen Mann hat sichtbar der Blitz getroffen. Er ringt um Fassung, fasst sich dann ein Herz und geht auf die Frau zu. Entfernt hören Sie ihn flüstern: „Wollen Sie mich heiraten?"

Was sagen Sie jetzt? Die Geschichte mögen Sie nicht? Sie finden sie albern, unrealistisch, aus der Luft gegriffen? Wissen Sie was: Das sehe ich auch so. So etwas tut kein Mensch. Nur im Marketing passiert es jeden Tag.

Vertrauen schaffen

„Nie wieder Anzeigen!" hat sich auf einem Netzwerktreffen einmal eine Trainerin empört. Als Existenzgründerin hatte sie sich eine sündhaft teure Anzeige aufschwatzen lassen. Ihr Finanzpolster war spürbar geschrumpft. Doch die Investition entpuppte sich als Flop: Nicht ein einziger Kunde hatte bei ihr angerufen.

Was ist da passiert? Wenn ich sage: Coaching oder ein Trainingsprojekt brauchen Vertrauen, dann stimmen Sie mir sicher zu: Coaching ist eine Leistung eng am Menschen. Sie will und muss die Persönlichkeit des Klienten berühren. Ein Trainingsprojekt oder eine Organisationsentwicklung kosten den Kunden eine Menge Geld. Darüber hinaus sind die Aufgaben, die zu lösen sind, oft unternehmenskritisch. So oder so will der Kunde wissen, an wen er sich wendet.

Bleibt die Frage, wie dieses Vertrauen entsteht. Wir können uns an unsere Alltagserfahrung halten. Wir vertrauen Menschen,

- auf die wir uns verlassen können
- die es unterlassen, sich auf unsere Kosten Vorteile zu verschaffen
- die wir regelmäßig treffen
- die offen mit uns reden
- die sagen, was sie tun, und tun, was sie sagen
- die eigene Fehler zugeben können
- die sagen, wo sie ihre Grenzen sehen
- die uns wahrnehmen und auf uns eingehen

All das wünschen wir uns von vertrauenswürdigen Menschen. Weil die Liste ganz schön lang ist, braucht Vertrauen Zeit. Vertrauen muss wachsen.
Die Brücke zum Marketing ist leicht geschlagen. Wenn das Vertrauen wesentlicher Faktor für die Auftragsanbahnung in der Weiterbildung ist, sollten wir

- regelmäßig in der Welt unserer Kunden präsent sein
- sagen, was wir können, und was nicht
- keine falschen Versprechungen machen
- es vermeiden, unsere Kunden über den Tisch zu ziehen
- die Bedürfnisse des Kunden kennen und darauf eingehen
- uns nahbar als Menschen zeigen

In einem solchen Biotop kann sich Vertrauen entwickeln; idealtypisch etwa in diesen Phasen:

Solange uns der Kunde nicht kennt, hat er überhaupt keine Bindung zu uns. Irgendwann fallen wir ihm auf, das kann zum Beispiel durch unser erstes Telefonat mit ihm geschehen. Und – wenn wir Glück haben – findet er uns sympathisch. Laufen wir ihm häufiger über den Weg, beginnt er, sich mit uns auseinanderzusetzen – besonders dann, wenn er Bedarf an unseren Leistungen hat. Wenn sich auch diese Phase gut entwickelt, ist er bereit für ein Gespräch über unser Angebot.

Informationen liefern

Der Verkauf hat große emotionale Anteile. Dennoch sind die Kunden nicht völlig kopflos. Ein paar Informationen wollen sie schon haben. Auf der Informationsseite hat die Kundenreise idealtypisch diese Gestalt:

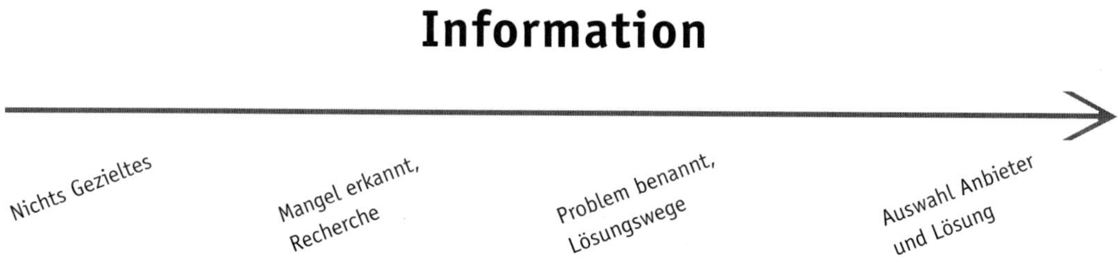

Einem wunschlos glücklichen Menschen können Sie nichts verkaufen. Sie können sich auf den Kopf stellen und mit den Füßen wackeln: Solange Ihr Kunde keinen Mangel, keinen Bedarf spürt, ist ihm das völlig egal. Die Kundenreise im engeren Sinne beginnt, wenn er eine Unzufriedenheit bemerkt. Ihr künftiger Kunde hat ein Problem oder vielleicht einen Wunsch. So oder so: Seine Welt ist nicht komplett.

Er beginnt mit der Recherche. Dazu sucht er im Internet oder fragt Freunde. Zum Beispiel will er wissen, wie dieses Ding heißt, das ihn stört. Welche Lösungen gibt es? Welche haben sich bewährt? Wie kommt es eigentlich dazu? Welche äußeren Einflussfaktoren gibt es? Im Zuge seiner Recherche macht sich Ihr künftiger Kunde mit Lösungen und Anbietern vertraut. Wenn Sie ihn überzeugt haben, nimmt er Kontakt zu Ihnen auf.

Information

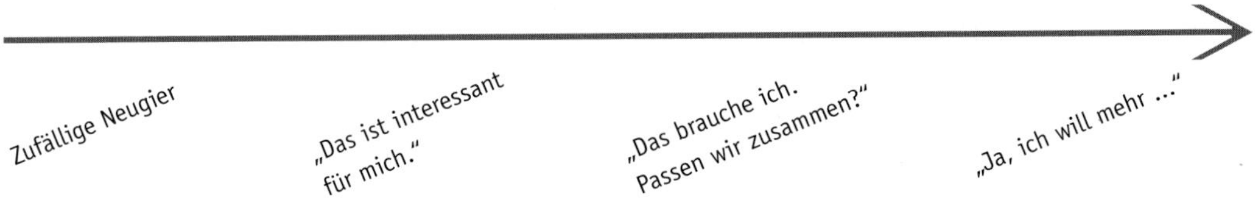

Was die Kundenreise für Ihr Marketing bedeutet

Die Kundenreise ist ein einfaches Modell aus dem Vertrieb. Ich mag es, weil es in seiner Schlichtheit so viel erklärt:

- Sparen Sie sich Einzelmaßnahmen jedweder Art
  Als Selbstständiger mit Unternehmergeist wollen Sie vielleicht einmal etwas ausprobieren: eine Anzeige, ein Mailing, einen Anruf, eine Pressemeldung. „Mal sehen, was geht", denken Sie sich.

  Es ist völlig gleich, für welchen Kanal und welches Medium Sie sich entscheiden: Einmal ist keinmal. Ein einmaliges „Hallo, hier bin ich" genügt keinesfalls, um die zahlreichen emotionalen und informativen Bedürfnisse Ihres Kunden zu stillen.

  „Ein Kunde braucht sieben Kontakte, bis er Ihren Namen gelernt hat." Das haben Sie sicher schon einmal gehört. Wie auch immer die Zahl sieben entstanden ist, sicher ist: Im Marketing brauchen Sie Ausdauer.

- Wählen Sie eine Zielgruppe, die Sie bearbeiten können
  Alle Positionierungs-, Marketing- und PR-Berater beknieen ihre Kunden, sich für eine Zielgruppe zu entscheiden. Spätestens jetzt wissen Sie, weshalb: Für den Erfolg im Marketing ist es unabdingbar, die Wege des Kunden mehrfach zu kreuzen. Deshalb ist es wichtig, eine Kundengruppe zu definieren, die konkret und fassbar genug ist, damit Sie sie bearbeiten können.

- Marketing wird mit der Zeit effizient
  Die meisten Kunden unterschätzen die Anlaufzeit für das Marketing. Zu Beginn sind die Rückläufe wirklich ernüchternd. Doch in dem Maße, wie Sie sich Ihrer Kundengruppe vertraut machen, steigt die Erfolgskurve.

- Marketing braucht mehr als einen Kanal
Ich bekomme regelmäßig Anfragen nach dem Muster: „Ich möchte Social Media Marketing machen." Oder: „Ich möchte Pressearbeit." Wenn ich nach den Gründen frage, heißt es: „Ich möchte Kunden gewinnen."

- Doch bedenken Sie: In den Social Media können Sie sich persönlich und nahbar zeigen, aber Case Studies, mit denen Sie die Informationsbedürfnisse Ihres Kunden stillen, bringen Sie hier nicht unter. In der Pressearbeit haben Sie wiederum das Problem, dass Sie in einem Magazin oder in einer Zeitschrift vielleicht einen Artikel pro Jahr lancieren können. Die gewünschte Kontaktdichte, die ich weiter oben beschrieben habe, erreichen Sie nicht.

  Mit einem Wort: Gutes Marketing ist eine fein abgestimmte Komposition aus Inhalten, Formaten und Kanälen.

- Marketing braucht Zeit
Eine Bekannte aus meinem Netzwerk hat mir von einem Neukunden erzählt, der mit einem Zeitungsausschnitt auf sie zukam. Vor neun (!) Jahren hatte sie ein Interview gegeben. Damals war der Neukunde auf sie aufmerksam geworden und hatte seither ihren Weg verfolgt. Inzwischen war die Zeit aus seiner Sicht reif geworden und er hatte sie angesprochen. Neun Jahre sind sicher ein extremes Beispiel. Doch alle Selbstständigen wissen, dass die Inkubationszeit für die Kontaktaufnahme sehr lange sein kann. Ihr Kunde entscheidet, wann der richtige Augenblick für ihn gekommen ist.

  Ihnen bleibt es nur, regelmäßig so viel Saat auszuwerfen, dass zu jedem Zeitpunkt genügend Kontakte reif werden.

Muss Marketing unangenehm sein?

Marketing haftet der Ruf des Lauten, Unangenehmen, Übertriebenen an. Wir erleben das ja oft genug: Die Autowerbung im Fernsehen etwa, oder die Discounter-Werbung mit den aktuellen Sparangeboten am Samstagvormittag im Radio. Schrecklich!

Es gibt viele Menschen, die von dieser Art des „Over Selling" gründlich die Nase voll haben. Wenn Sie sich dazu zählen, dann lassen Sie es doch! Ganz im Ernst: Es ist Ihre Entscheidung wie Sie kommunizieren. Sie können erzählen wie wunderbar, erfolgreich und großartig Sie sind. Oder auch nicht.

Erzählen Sie alternativ davon, was Sie tun, wie Sie es tun und weshalb. Gerade das „Weshalb“ ist für Ihre Kunden spannend. Mit der Begründung transportieren Sie Ihre Werte; ein immer wichtiger werdendes Kommunikationsziel. In einer Welt, in der die Grundbedürfnisse weitgehend gestillt sind, hungern wir nach Sinn. Mit dem „Weshalb“ geben Sie Ihren Kunden die Chance, sich mit Ihnen zu identifizieren.

„Selbstbewusst in der Sache, persönlich zurückhaltend“, heißt deshalb mein Motto. Ich möchte noch einmal zurück zur Frage des Vertrauens: Selbstbewusstsein gehört dazu. Sie müssen schon sagen, was Sie gut können und welche Erfolge Sie haben. Halten Sie sich einfach an das, was Sie nachweisen können. Niemand zwingt Sie hingegen dazu, sich im übertragenen Sinne Lametta umzuhängen. Und überhaupt: Wer sagt denn, dass Marketing in der Weiterbildung und in der Autowerbung das Gleiche sind?

Im People Business wie die Weiterbildung es nun einmal ist, muss das Marketing zur Persönlichkeit des Trainers, Beraters oder Coachs passen. Wenn Sie laute Töne nicht mögen, lassen Sie sie weg. Es ist völlig in Ordnung.

Am Ende unserer Reise

Jetzt sind Sie dran!

Lieber Leser, auch wir nähern uns nun dem Ende einer Reise. In der großen, weiten Welt des Marketings haben wir das verhältnismäßig kleine Gebiet der Telefonakquise Schritt für Schritt für uns erobert. Dabei konnte ich Ihnen hoffentlich das eine oder andere ungute Bild von schlechter Akquise nehmen bzw. es in ein sehr viel positiveres verwandeln. Schließlich trete ich mit keinem geringeren Anspruch an, als die Akquise aus ihrer Schmuddelecke zu holen. Und da ist noch so viel zu tun! Dieses Buch soll als wichtiger Botschaftsträger sein Scherflein dazu beitragen.

Lassen Sie uns sehen, was ich im Einzelnen versucht habe, Ihnen zu erhellen – womit Sie gleichzeitig ein Prüfinstrumentarium in die Hand bekommen, ob ich meinem Anspruch gerecht werden konnte.

Dein Kunde, das unbekannte Wesen

Allem voran haben wir die Black Box ausgeleuchtet, also diese ersten Kontakte, wenn man einander noch nicht so gut kennt. Was im Kopf eines Kunden tatsächlich vor sich geht, werden wir wohl nie erfahren. Wenn Sie sich aber meine Akquiseerfahrungen zunutze machen, werden Sie eine bessere Trefferquote erzielen und öfter als bisher von Ihrem Kunden ein „Ja, genau ...!" zu hören bekommen. Das ist das sichere Zeichen dafür, dass Sie einen spürbaren Schritt tiefer in die Kommunikation mit dem Kunden vorgedrungen sind und er sich verstanden und abgeholt fühlt. Weiter so!

Selbsterkenntnis als Schlüssel für besseres Verkaufen

Wenn es schon so schwer ist, den Kunden in den Kopf zu gucken, sollten wir zumindest nichts unversucht lassen, um uns selbst möglichst gut kennenzulernen. Deshalb ist es ein wichtiges Ziel, Ihnen einen besseren „Grip" in Ihrer Positionierung zu verschaffen. Können Sie heute unterschreiben, dass Sie nun ein sichereres Gefühl dafür haben, wer Sie als Anbieterpersönlichkeit sind und was Ihr Profil unverwechselbar macht? Können Sie Ihre Leistung, Ihr Portfolio so beschreiben, dass Sie einem Zuhörer ein interessiertes „Aha!?" entlocken?

Und schließlich: Wissen Sie nun konkret, wer Ihre Wunschkunden sind und wo Sie ihnen begegnen können? Dann atme ich erleichtert auf: Das Ziel ist erreicht!

Fehler machen ist okay, Fehler machen lassen ist aber smarter

Schließlich haben Sie eine Praxisanleitung für die ersten Akquisegespräche mit auf den Weg erhalten. Dabei habe ich nichts beschönigt – Akquise ist und bleibt ein nicht ganz einfaches und aufwendiges Geschäft. Aber indem Sie nun die typischen Fallen kennen, haben Sie es in der Hand, böse Don'ts in gute Dos zu verwandeln. So können Sie gewiss einige Fehler vermeiden, die die meisten Akquiseanfänger machen.

Ihr Aha-Erlebnis

So haben Sie – hoffentlich – die Erkenntnis entwickeln können, dass Akquisegespräche am Ende nur eine Sonderform von Coachinggesprächen sind, die Sie vermutlich mit hoher Routine und geschärften Werkzeugen tagtäglich durchführen. Wenn ja, dann stellt dies mein besonderes „Vermächtnis" an Sie als Trainer, Coach oder Berater dar – meine Lieblingskunden. Es sollte das Aha-Erlebnis schlechthin für Sie sein und ich hoffe, ich habe mir hier nicht zu viel erwartet und Ihnen nicht zu viel versprochen.

Ich bitte um Ihr Feedback!

Ebenso wichtig ist mir am Ende, Ihnen die Frage zu stellen: Welche Fragen sind bei Ihnen noch offen geblieben? Oder habe ich gar an manchen Stellen mehr Verwirrung gestiftet als für Klarheit gesorgt? Dann lassen Sie es mich bitte unbedingt wissen, denn das wäre mir das Wichtigste, dass Sie aus der Lektüre meines Buches gestärkt und motiviert hervorgehen. Wenn es dazu dient, dass Sie mit frischem Mut oder einem fröhlichen „Jetzt erst recht!" (wieder) ans Akquisewerk gehen, dann bin ich rundum zufrieden.

Zögern Sie daher bitte nicht mit Rückmeldungen, Fragen, Wünschen – und Beschwerden, wenn es sie gibt. Gern als Rezension auf Amazon oder schreiben Sie mich einfach auf facebook an. Denn Sie wissen ja: Feedback is breakfast for champions! Haben Sie an dieser Stelle vielen Dank für Ihre Zeit und Ihre Aufmerksamkeit. Von ganzem Herzen wünsche ich Ihnen gutes Gelingen bei Ihrer zukünftigen Kundengewinnung!

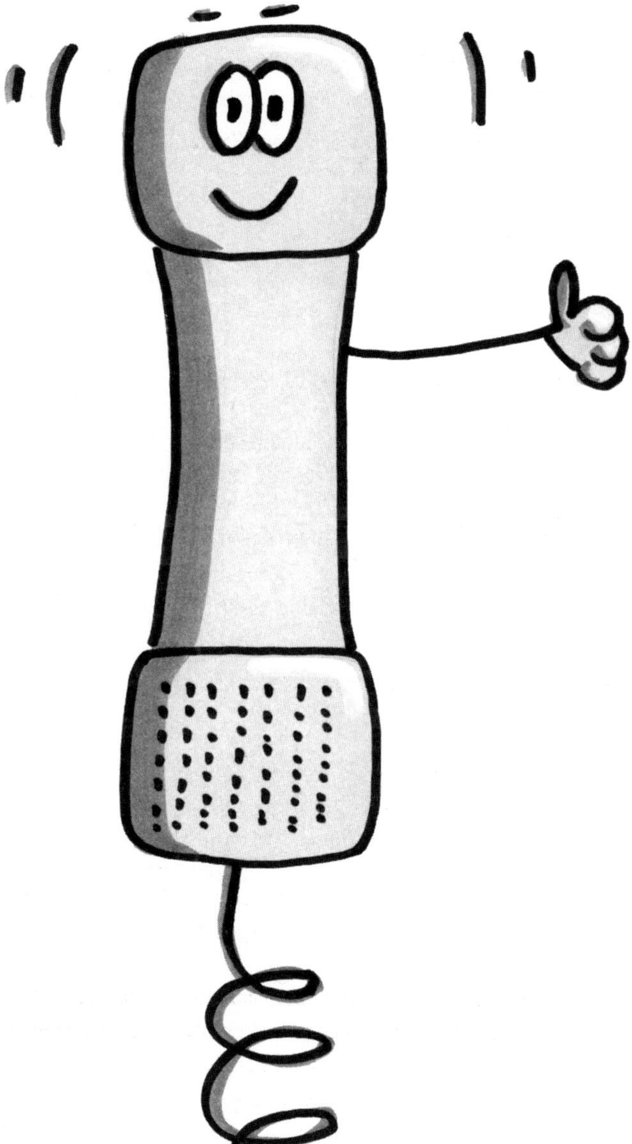

Literatur- und Linktipps

Die wichtigsten Websites und Bücher, um Ihre Telefonakquise in ein wirksames Ganzes einzubetten.

Das Pendant zur akustischen Visitenkarte Telefon ist die visuelle Visitenkarte, die Website:

Kerstin Boll

- Buch: „Der Website-Coach", erschienen bei managerSeminare.
- www.quivendo.de

Natürlich muss das „Vorgängermodell" aus dieser Buchreihe hier unbedingt Erwähnung finden: Meine Gastautorin Kerstin Boll versteht nicht nur was von Marketing, sondern auch und vor allem etwas von Webseiten für Trainer, Berater & Coachs. Prädikat: Absolut lesenswert und Pflichtlektüre für alle, die in Eigenregie an ihrer Website basteln und schrauben – und trotzdem wollen, dass sie richtig professionell wirkt.

Gute Akquise braucht eine verlässliche technische Basis. Die gibt's bei:

Axel von Leitner & Sven Sester

- www.centralstationcrm.de

Das Herzstück eines ordentlichen Systems für Kundengewinnung und -pflege ist nicht zuletzt ein gutes CRM-System. Mein Favorit unter den unzähligen Tools und Lösungen ist definitiv das von Sven Sester und Axel von Leitner entwickelte CentralStationCRM!

Gute Akquise gibt es außer bei mir auch bei:

Martina Bloch

- www.akquiseblog.de

Meine geschätzte Kollegin ist Ingenieur, daher empfehle ich Kunden mit technischem Portfolio gern an sie weiter. Martina Bloch betreibt außerdem ein immer wieder lesenswertes Akquiseblog, in dem sie alle Fragen rund ums Kundenverstehen immer mal wieder vom Kopf auf die Beine stellt.

Auch für mein Buch habe ich einen Artikel entliehen, das Original findet sich hier: www.akquiseblog.de/2013/02/das-muss-man-aushalten-konnen.

Das natürliche Ergebnis guter Akquise führt früher oder später zu:

Heiko Stein

- www.allesverhandlungssache.info

Gutes Verhandeln ist quasi die Zwillingsschwester der Kaltakquise. Daher empfehle ich die Lektüre des sehr lesenswerten Blogs des Verhandlungstrainers Heiko Stein. In Sachen Verhandlung sozusagen der „Stein der Weisen".

Erfolg über den Tag hinaus? Dann seien Sie à la longue „eine richtige Marke", so wie:

Giso Weyand

- Buch: „Sog-Marketing für Coaches", erschienen bei managerSeminare.
- eBook: „Das gewisse Extra", erschienen bei managerSeminare.
- Buch: „Das Berater-Buch – Für Consultants, Trainer und Coachs", erschienen bei campus.
- www.teamgisoweyand.de

Giso Weyand, der Berater-Berater, zu dessen handverlesenem Team ich gehören darf, ist im deutschsprachigen Wirtschaftsraum eine Autorität, wenn es um gezielten Aufbau und kluge Führung einer Beratermarke geht. Auf seinem Blog und in zahlreichen Büchern gibt er sein Know-how zum Besten.

Eine starke Partnerin im Einzelkämpferdasein des Trainers, Beraters, Coachs:

Heide Liebmann

- Buch: „Die Magie der unternehmerischen Persönlichkeit", erschienen bei managerSeminare.
- Buch: „Der Nasenfaktor", erschienen bei Gabler.
- www.heide-liebmann.de

Als Potenzialdetektivin und Positionierungscoach ist Heide Liebmann eine prädestinierte Begleiterin für alle, die sich im heiß umkämpften Markt von Training, Beratung & Coaching allein auf den Weg machen. Auch sie lässt ihre Zielgruppe in Blogartikeln und Büchern von ihrer umfassenden Praxiserfahrung profitieren.

Wer raus will aus der Einzelkämpferfalle suche sein Glück außerdem bei:

Monika Birkner

- www.monikabirknerfreedombusiness.de

Mit Monika Birkner verbindet mich seit einigen Jahren eine „Business-Freundschaft" und wir begegnen uns in unserem Tun immer wieder. Freedom Business steht für den organisierten Auf- und Ausbau zu einem Geschäft, das sie „Signature System" nennt, also ein nach innen skalierbares und nach außen wiedererkennbares Geschäftsmodell mit System, in dem Ihre Kunden – und Ihr Umsatz! – sich gut zurechtfinden.

... oder hier: Als das Coaching laufen lernte, nämlich bei:

Marit Alke

- www.coachingprodukte-entwickeln.de

Marit Alke hilft Trainern, Beratern und Coachs dabei, ihre „Produkte" in Online-Kurse zu „übersetzen", was – wie ich mit eigener blutiger Nase weiß – nicht ganz einfach ist. Am besten fand ich dabei, dass ihre Kurse auf einem qualitativen Level stehen, das die Latte ziemlich hoch legt. Prädikat: Absolut nachahmenswert!

Vermarktung von Bildung & Beratung heißt immer noch, „die Katz im Sack verkaufen". Und das kann:

Bernhard Kuntz

- Buch: „Die Katze im Sack verkaufen", erschienen bei managerSeminare.
- Buch: „Fette Beute für Trainer und Berater", erschienen bei managerSeminare.
- Buch: „Warum kennt den jeder?", erschienen bei managerSeminare.
- www.die-profilberater.de

Sein Buch „Die Katze im Sack verkaufen" war für mein verkäuferisches Wirken eine echte Offenbarung: Endlich versteht ein Ratgeberbuch meine heikle Situation in diesem ganz besonderen Marktumfeld! Endlich ein praktikables Kompendium, mit dem ich wirklich arbeiten kann!

Ich habe es dann lange nicht aus der Hand gelegt, quasi „inhaliert" und vielen, vielen Trainern weiterempfohlen. Beim Blick auf die Website werden Sie sehen, dass es eine Fülle mehr zu entdecken gibt als „nur" dieses Buch.

Wer's nicht glaubt und Forschung mag, bekommt was er braucht bei:

Prof. Dr. Michael Bernecker

- www.marketinginstitut.biz
- www.michaelbernecker.de/veroeffentlichungen

Der Geschäftsführer des DIM Deutschen Instituts für Marketing gibt in regelmäßigen Abständen eine fundierte Studie zum Bildungsmarketing heraus. Ich empfinde das als eine analytische Bereicherung, die endlich mal fundierte Zahlen, Daten, Fakten in dieses menschelnde Nasenfaktor-Business mit „Ungefährness-Garantie" bringt.

Jährliche Studien zur Branche der Berater, Trainer und Coachs gibt außerdem heraus:

Jürgen Graf

- www.managerseminare.de/Weiterbildungsszene

Jährlich erscheinen bei managerSeminare Studien mit den abwechselnden Schwerpunkten: Honorare, gefragte Weiterbildungsthemen und Entwicklung der Auslastung sowie Denkschulen und lerntheoretische Konzepte. Abonnenten der Zeitschrift „Training aktuell" können alle Studien kostenlos herunterladen.

Und zu guter Letzt der Abbinder aus der knallharten Verkäuferpraxis:

Angelika Eder

- eBook: Ehrlich verkaufen
- www.ehrlich-verkaufen.de (kostenloser Download)

In diesem E-Book, das Anfang 2015 erschienen ist, geben 30 gute Kollegen ihre Gedanken, Ideen und Bedenken zum Thema „Ehrliches Verkaufen" zum Besten. Mit ihren sehr vielfältigen Beiträgen zünden sie ein Feuerwerk unterschiedlichster Herangehensweisen, Denk- und Verkaufsschulen sowie diverse erhellende und ungewöhnliche Schlussfolgerungen für das praktische Verkaufen im Spannungsbogen zwischen Erfolgsdruck und Moralkorsett.

Und last but not least noch mal etwas ganz anderes, einfach zur erfrischenden Abwechslung:

Ilse Burisch: Das Blabla-Meter

- www.blablameter.de

Mein befreundeter Texter Armin Jäger (www.schreibschwung.de) hat es entdeckt, das wundersame BlaBlaMeter. Was für eine Offenbarung! Es entlarvt quasi wie durch Zauberhand schonungslos, wie viel heiße Luft sich in Ihren Text eingeschlichen hat. Das BlaBlaMeter wurde von Armin Wurm entwickelt und ist ein privates Webangebot von Ilse Burisch aus Frankfurt.

An alle Genannten (und noch nicht Genannten) ein dickes:

Danke!

Besonders an:

- Manfred Meyer, außer für den wertvollen Beitrag zum guten Angebot hier im Buch ist er DER Händchenhalter, kluger Sparringspartner, Retter in der Ich-KANN-das-nicht!-Not, der Rundum-Versorger in allen Fragen des geistigen und leiblichen Wohls während der Schreibphase – kurzum: Ich nenne ihn seither nur noch ehrfurchtsvoll den Inspirator.

- Kerstin Boll, für die schöne Vervollkommnung von Teil 3, in dem sich ihr Wirken mit dem meinen die Hand gibt.

- Armin Jäger, als gewiefter und mit-allen-Wassern-gewaschener Testleser und Überschriften-Dompteur.

- Bettina Stackelberg, für ihren warmherzigen Zuspruch, als ich bei der Unterzeichnung des Autorenvertrags zögerte

- Und schließlich an Dr. Sylvia Löhken und Thomas Knappe, weil sie als positives Beispiel für gute Positionierung zur Verfügung stehen.

- Ein heißer Dank gebührt auch meiner Lektorin Vera Sleeking, die mich „Autoren-Newby“ so mütterlich unter ihre Fittiche genommen und meine stellenweise arg „strubbeligen“ Texte sanft und sorgfältig lesetauglich gemacht hat.

Stichwortverzeichnis

Symbole

70/30-Regel ... 117

A

Ablehnung ... 108
Absprache ... 121, 125
AIDA-Struktur ... 141
Akquise-Ideen ... 24
Alltagssprache ... 48
Analogien ... 49
Anbieterpersönlichkeit ... 27, 28, 29, 36, 57, 103
Anbieterprofil ... 44, 103, 104
Anbieterteams ... 36
Angebot ... 145, 148, 150
Angebotserstellung ... 151
Anhang ... 142
Arrangement ... 9
Aufbau ... 7
Auftakt ... 77
Auftrag ... 70, 125, 135
Auftragsanbahnung ... 160
Auftragsklärung ... 150
Ausblick ... 156
Avatar ... 34, 36

B

Bedarf ... 126, 148, 161
Begrüßung ... 85
Berater-Sprech ... 97
Beuteschema ... 62
Beziehung ... 44, 111
Blabla-Meter ... 155
Black Box ... 13
Bloch, Martina ... 89
Boll, Kerstin ... 56, 93, 158, 159
Breitbandprofis ... 38, 52
Brücke ... 27, 51

C

Cashcow ... 43
Checkliste ... 132
Coaching und Akquise ... 19
CRM ... 61, 74, 92

D

Dialog ... 99
Dialogvenus ... 17, 83
Dokumentation ... 62, 72
Download-Ressourcen ... 8, 17, 24, 25, 40, 46, 54, 63, 67, 87, 92, 95, 109, 130, 132
Dreisprung ... 93
Durchstellung ... 88

E

Eigennamen ... 86
Eigenschaft ... 35, 47, 93
Einstiegsformulierung ... 86
Einwände ... 109
Einzelmaßnahmen ... 162
Eisbrecher ... 24, 87
Elevator Pitch ... 106
E-Mail ... 139
Empfang ... 88, 90
Empfehlung ... 15, 126
Entscheider ... 148
Entscheidungsmuster in Unternehmen ... 101
Erfinden ... 114
Erlaubnis ... 71

Etappenziele ... 70
EVN-Modell ... 93, 94

F

Fallen ... 148
Feedback ... 123, 127, 131
Fingerspitzengefühl ... 116
Formulierungsvorschläge ... 130
Fragen ... 100
Fragen Ihrer Kunden ... 27, 91

G

Gegenfragen ... 102
Gesetz gegen den unlauteren Wettbewerb ... 23, 71
Gesprächsablauf ... 83
Gesprächsabschluss ... 120, 131
Gesprächsatmosphäre ... 97
Gesprächseinstieg ... 84, 92, 130
Gesprächserlaubnis ... 130
Gesprächsphasen ... 83
Gesprächsziele ... 96
Gießkannenprinzip ... 65

H

Haltung ... 119
Handlungsvorschlag ... 154
Heilige Drei Könige ... 146
Honorar ... 148, 154
Hornhaut ... 110
Humor ... 115
Hürden ... 20

I

Ideenfeuerwerk ... 114
Informationen ... 70, 102, 161
Informationsbeschaffung ... 150
Inkubationszeit ... 13, 90, 157

K

Kategorischer Imperativ ... 25, 82
Kernleistung ... 40
Knowhow ... 115
Kommunikationsregeln ... 117
Kompetenzen ... 33
Kontaktanbahnung ... 74
Kontakt beenden ... 118
Kontaktesammler ... 92
Konzeptskizze ... 115
Kundendossier ... 61, 63, 74, 100, 102, 114
Kundenmerkmale ... 53, 62
Kundenpflege ... 135
Kundenreise ... 159

L

Lampenfieber ... 81, 113
Legitimation ... 22, 24, 55, 64, 91, 92, 130, 141
Legitimationsjäger ... 92
Leistung ... 27, 37, 106
Leistungsmerkmale ... 47
Leistungsportfolio ... 28, 38, 57
Leistungsschwerpunkt ... 40
Leitfaden ... 17
Lösungsvarianten ... 123

M

Marketing ... 162
Meilensteine ... 69, 96
Menschlichkeit ... 112
Metaphern ... 49
Methoden ... 19, 152, 154
Meyer, Manfred ... 146, 150
Mindset ... 81
Minimalziele ... 125
Motivation ... 97
Motive ... 105
Motto ... 42

N

Nasenfaktor ... 55, 148
NINAs ... 57, 58
Nutzen ... 93, 94

O

Ortsnamen ... 85

P

Paraphrasieren ... 111
Personaler ... 33, 147
Pförtner ... 90, 91
Phasen ... 13, 160
Plattitüden ... 94
Portfolio ... 38, 43, 104
Post ... 138
Praktische Hilfen ... 129
Praxiserfahrung ... 33
Preis ... 152, 153
Privater Bereich ... 31

Q

Qualifikationen ... 33
Qualitative Recherche ... 63
Quantitative Recherche ... 63

R

Rabatt ... 153, 154
Religiöse Überzeugung ... 32

S

Schaufenster ... 66
Schmidtchen ... 59
Schnitt an Telefonaten ... 98
Selbstdarstellung ... 32, 102
Selbsterlaubnis ... 21
Selbstvermarktung ... 28, 31, 66
Silberrücken ... 59
Soft & Social Skills ... 34
Spickzettel ... 109, 130
Spiegeln ... 111, 118
Sprachbilder ... 49
Stimmung ... 117
Storytelling ... 106
Strippenzieher ... 57
Subtexte ... 118

T

Telefontauglich ... 42

U

USP ... 38, 67
UWG ... 23, 71

V

Verbal-Judo ... 110
Verbindliche Absprachen ... 121
Vereinbarung ... 122, 131
Vergessenwerden ... 97
Verkaufstheorie ... 12
Verknappen ... 45
Verständlich ... 106
Vertrauen ... 159
Vertrauenskurve ... 14
Vertriebshürde ... 14
Vielredner ... 122
Vorbereitung ... 132
Vorteil ... 94

W

Warum ... 27, 51, 152
Was ... 27, 152
Wer ... 27, 152
Windelweiche Wortwechsel ... 122
Worum geht's ... 90, 91
Wunschkunde ... 16, 28, 52, 53, 54, 61
Wunschkundenakteure ... 57

Z

Ziele ... 69, 72, 112
Ziele im Erstkontakt ... 70
Zielfestlegung ... 125
Zielgerade ... 121
Zielgruppe ... 52, 162
Zielvereinbarung ... 92, 130
Zuhören ... 116, 117
Zwischentöne ... 117